Jäger · Kompetent führen in Zeiten des Wandels

Roland Jäger

Kompetent führen
in Zeiten des Wandels

Führungsinstrumente für die tägliche Praxis

Beltz Verlag · Weinheim und Basel

Roland Jäger, Jg. 1962, gelernter Bankkaufmann und staatlich geprüfter Betriebswirt. Er besitzt langjährige Erfahrung als Berater, Coach und Trainer und absolvierte zahlreiche Weiterbildungen in Training, Moderation, NLP, Coaching, systemischer Beratung und Spontanschauspiel. Schwerpunkte seiner Arbeit sind: Projektmanagement, Coaching, Führung, Kommunikation, Konfliktmanagement, Selbstmanagement, Organisationsentwicklung, Changemanagement.

Lektorat: Ingeborg Sachsenmeier

© 2004 Beltz Verlag · Weinheim und Basel
www.beltz.de
Herstellung: Klaus Kaltenberg
Satz: Druckhaus »Thomas Müntzer«, Bad Langensalza
Druck: Druckhaus Beltz, Hemsbach
Umschlaggestaltung: glas ag, Seeheim-Jugenheim
Umschlagabbildung: Getty Images Deutschland GmbH, München
Printed in Germany

ISBN 3-407-36121-1

Inhaltsverzeichnis

Vorwort 7

Danksagung 8

Einleitung 9

Führung: Grundlagen, Stile, Trends und Grenzen 11

Definition von Führung 13

Führungsansätze 18

Führung als interaktiver Prozess 25

Grundlagen wirksamer Führung 29

Umgang mit Macht 41

Führungsprinzipien und Grundhaltungen 44

Trends und deren Auswirkung auf Führungskräfte 47

Die Führungskraft: Rolle, Aufgaben, Anforderungen und Qualifizierung 49

Die Rolle als Führungskraft 51

Aufgaben einer Führungskraft 54

Anforderungen an Führungskräfte 57

Die ideale Führungskraft – Mythos und Wirklichkeit 59

Qualifizierung von Führungskräften 61

Standortbestimmung: Definition der nächsten Schritte   63

Allgemeine Standortbestimmung 65

Sie als Führungskraft 73

Die Zukunft gestalten 78

**Methoden, Techniken, Verhaltensweisen
und Hilfsmittel** 83

Visionen und Ziele entwickeln 85
Planungen und Projektarbeit durchführen 91
Entscheidungen treffen 100
Organisation gestalten und formieren 108
Realisierung sicherstellen 126
Koordination verbessern 151
Kontrollen durchführen 157
Wirkungsvoll kommunizieren und informieren 164
Mitarbeiter einstellen, entwickeln und fördern 180
Eigene Position festigen und ausbauen 194
Schlusswort 218

Literaturverzeichnis 220

Vorwort

Mit diesem Buch möchte ich Sie über die wesentlichen Grundlagen von Führung informieren. Sie erhalten Grundkenntnisse über die verschiedenen Führungsansätze, -stile und -theorien. Führung soll als interaktiver Prozess verstanden werden. Sie lernen die Voraussetzungen wirksamer Führung kennen und können den Umgang mit Macht reflektieren. Ich stelle Ihnen wichtige Führungsprinzipien vor und zeige die Grenzen von Führung auf. Trends und deren Auswirkungen auf Führungskräfte spielen ebenfalls eine Rolle. Gerade in wirtschaftlich turbulenten Zeiten ist es nämlich wichtig, die gesamte Palette der Führungsinstrumente genau zu kennen, um kompetent und flexibel reagieren zu können.

Für Sie als Leser soll der Nutzen in Folgendem bestehen:

- Sie sollen sich Ihrer Rolle als Führungskraft bewusst werden, Aufgaben und Anforderungen an eine Führungskraft besser verstehen lernen.
- Sie können eine individuelle Standortbestimmung, bezogen auf Ihren persönlichen Werdegang, Ihre Fähigkeiten und Erfahrungen erarbeiten und lernen Qualifizierungsmöglichkeiten für Führungskräfte kennen.
- Anschließend können Sie einen konkreten Entwicklungsplan erstellen.
- Vielfältige Methoden, Techniken, Verhaltensweisen und Hilfsmittel unterstützen Sie dabei, um die eigene Führungsaufgabe in Zukunft gut beziehungsweise noch besser bewältigen zu können.

Danksagung

Eigentlich ist es ein kleines Wunder, dass dieses Buch doch noch zu Stande gekommen ist. Hatte ich mir doch auf Grund von persönlichen und beruflichen Gründen andere Prioritäten in meinem Leben gesetzt. Es war Ende März 2003 als ich mich eigentlich schon endgültig von der Fertigstellung dieses Buches verabschiedet hatte. Meine Frau fragte mich am Frühstückstisch, wie weit ich denn sei und dass sie sich auch in meinem Interesse sehr wünsche, dass ich dieses Buchprojekt doch noch zu Ende bringen würde. Das war wunderbar! Insbesondere dafür, aber auch für ihr Verständnis, die kritische Prüfung und Würdigung des Manuskriptes danke ich meiner Frau Dr. Anna Amai Jäger.

Ebenso danke ich meiner Tochter Kathrin für ihr Verständnis und den Verzicht auf wichtige gemeinsame Stunden.

Mein Dank gilt ebenso dem Netzwerk des Institutes für systemische Beratung (ISB), Wiesloch, die mich konstruktiv unterstützten bei der Definition des Begriffes Führung.

Besonders danken möchte ich meiner Lektorin Ingeborg Sachsenmeier. Mit ihrer kompetenten Unterstützung, ihren wertvollen Hinweisen und ihrem großen Engagement hat sie das Buch geprägt.

Ebenfalls möchte ich mich bei all den Menschen bedanken, die im Kontakt mit mir bereit waren, mich an ihrer persönlichen Entwicklung teilhaben zu lassen. Sie haben damit einen wichtigen Beitrag zu diesem Buch geleistet.

Wiesbaden, März 2004   *Roland Jäger*

Einleitung

Führung ist ein notwendiges Mittel, um in Organisationen Ziele zu erreichen. Führung wird zwar meist nur dem Führenden als Aufgabe zugesprochen, in der täglichen Praxis zeigt sich aber, dass Führung ein interaktiver Prozess zwischen Führenden und Geführten ist. Daraus lässt sich ableiten, dass Führung nur mit dem Einverständnis und der Unterstützung der Geführten wirksam werden kann, wobei der Beitrag der Geführten von »es zulassen/dulden« bis zur »aktiven Unterstützung« reicht.

Seit einigen Jahren nimmt der Anspruch der Geführten an Sinn stiftenden Aufgaben zu. Daraus erwachsen veränderte Erwartungen an die Führenden. Damit Führung wirksam und letztendlich erfolgreich ist, sind zudem vielfältige Umfeldfaktoren einzubeziehen.

Dieses Buch schlägt eine Brücke zwischen dem notwendigen Wandel im Führungsverständnis und den pragmatischen, sofort umsetzbaren Lösungen für typische Situationen im Führungsalltag. Im ersten Kapitel finden Sie neben der Definition von Führung zunächst einen Überblick gängiger Führungstheorien. Anhand eines konkreten Führungsmodells können Sie sich dann über die wesentlichen Dimensionen von Führung informieren. Weiterhin werden Trends und deren Auswirkungen auf Führung dargestellt. Nicht außer Acht gelassen werden hier Grenzen von Führung sowie zumeist tabuisierte Themen wie Macht und der Umgang damit. Wesentliche Grundlagen für wirksame Führung wie Vertrauen, Glaubwürdigkeit, Verständnis, Fairness, Authentizität und Vorbild sein sowie Selbstdisziplin und Konsequenz bilden einen weiteren Schwerpunkt dieses Kapitels. Abgerundet wird es durch eine Aufstellung von Führungsprinzipien. Im Mittelpunkt des nächsten Kapitels stehen – wie der Titel schon zeigt – die Führungskraft selbst, ihre Rolle und ihre Aufgaben sowie die Entwicklung eines Anforderungsprofils. Sie erhalten Hinweise zur persönlichen Weiterqualifizierung und können sich über Ihre persönlichen Stärken und Schwächen klar werden. Im darauf folgenden Kapitel können Sie mit Hilfe von Tests Ihren individuellen Standort bestimmen und daraus Maßnahmen ableiten. Mit Hilfe des letzten Kapitels können Sie Ihren »Werkzeugkoffer« ergänzen und füllen. Ziel dieses Kapitels ist es, Ihnen Lösungen für typische Aufgaben und Situationen im Führungsalltag zur sofortigen Umsetzung anzubieten.

Gedacht ist dieses Buch sowohl für Nachwuchsführungskräfte als auch für »gestandene« Führungskräfte, die sich gezielt mit den geänderten Anforderungen auseinander setzen wollen und ihren »Werkzeugkoffer« für den Führungsalltag aktiv ergänzen möchten.

Führung findet immer in einem Spannungsfeld statt. Das nachfolgende Schaubild soll dies veranschaulichen.

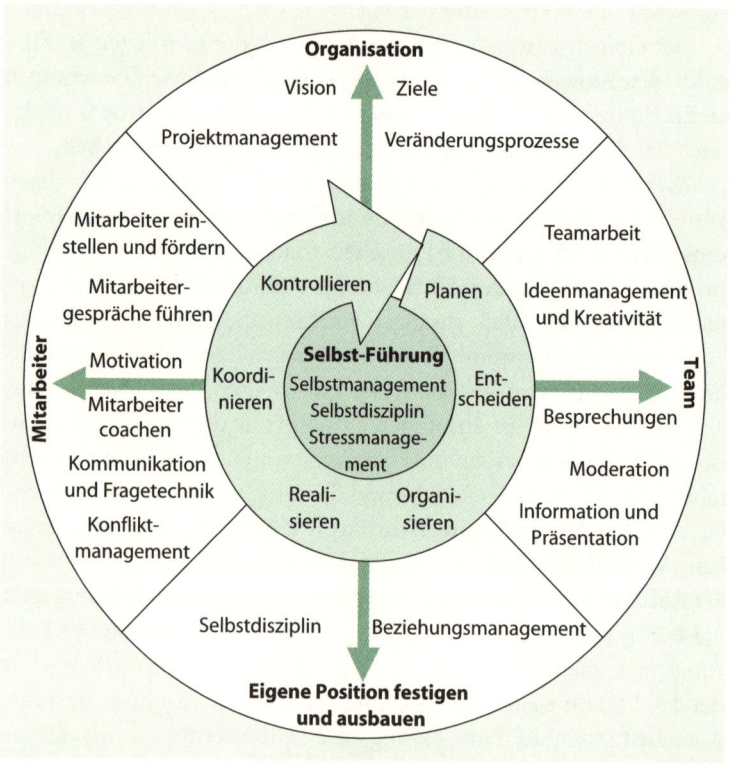

Führung: Grundlagen, Stile, Trends und Grenzen

In Zeiten des Wandels wird die Bedeutung von Führung noch wichtiger. Sind es doch Führungskräfte, die in solchen Zeiten wesentliche Beiträge zur Orientierung von Mitarbeitern leisten müssen. Dabei sind sie aber durchaus auch »Gefangene« dieser Erwartungen, denn häufig fühlen sie sich überfordert, wissen eventuell auch nicht genau Bescheid und sind ebenfalls verunsichert. Ziele von Führung sind daher vielfältig:

- Visionen und Strategien formulieren, kommunizieren, umsetzen und leben,
- Unternehmens-, Bereichs- und Gruppenziele erreichen,
- ein für die Visions- und Zielerreichung geeignetes Umfeld gestalten,
- geeignete Rahmenbedingungen bieten,
- Koordination der im jeweiligen Zuständigkeitsbereich durchzuführenden Aufgaben,
- effiziente Aufgabenerledigung sicherstellen,
- Mitarbeiter entwickeln und fördern.

Diese Vielfalt kann Führungskräfte schnell dazu verleiten, sich im Alltag zu verzetteln und am Ende eines Jahres zu wenige Ziele verfolgt beziehungsweise erreicht zu haben. In der Folge würde sich der Druck unweigerlich erhöhen. Andererseits erfordern die gesteckten Ziele eine Reihe von Fähigkeiten und Fertigkeiten, die so unterschiedlich sind, dass die Gefahr besteht, sich mit den zu bewältigenden Aufgaben zu beschäftigen und die anderen, ebenfalls wichtigen Aufgaben zu vernachlässigen. Damit Ihnen dies nicht passiert, habe ich insbesondere im Kapitelabschnitt »Koordination verbessern« (s. S. 151ff.) viele praktische und sofort umsetzbare Tipps beschrieben, die Sie bei der Erfüllung Ihrer vielfältigen Ziele unterstützen werden.

Doch zunächst will ich Sie mit den Grundlagen, Stilen, Trends und Grenzen von Führung vertraut machen.

»Der Weg zum Ziel beginnt an dem Tag, an dem Sie hundertprozentige Verantwortung für Ihr Tun übernehmen.« *Dante Alighieri*

Definition von Führung

Den Versuch einer Definition möchte ich mit einem Zitat von Daniel Goeudevert beginnen »Sicher steckt im Begriff ›Führen‹, den der Duden allein mit ›die Richtung bestimmen‹ definiert, ein Hauch von Einsamkeit: Wer führt, der ist allein.« Eine treffende Beschreibung, wie ich in den vielen Einzelcoachings von Führungskräften immer wieder beobachten kann.

Führung lässt sich anhand verschiedenster Kriterien und Merkmale definieren. Doch zunächst sollen Sie aktiv werden.

Übung

Bitte schreiben Sie nachfolgend Ihre Assoziationen zum Thema Führung auf. Führung heißt für mich:

Merkmale von Führung

Führung lässt sich nach unterschiedlichen Merkmalen beschreiben. Die folgende Tabelle soll Ihnen einen Überblick geben.

Merkmale	Beispiele
Beteiligte am Prozess	
Beteiligte (Anzahl, wer)	Führungskraft, Mitarbeiter, Gruppe, Team, Abteilung.
Persönlichkeit der Beteiligten	Introvertiert, extravertiert, Denkmuster und -strategien, Emotionen, Werte, Normen und Überzeugungen, Grundhaltungen und Menschenbild, Erfahrungen und Erinnerungen.
Positionen der Beteiligten	● Hierarchisch, formell oder informell. ● Aufgaben, Kompetenzen, Verantwortlichkeiten.
Rollen der Beteiligten	● Führungskraft, Mitarbeiter. ● Mentor, Förderer, Pate, Sponsor, Berater, Coach, Vorbild, Visionär, »Dienstleister«, Moderator, Kontrolleur, Steuermann, Kreativer, Prüfer, Bewerter, Entscheider, Überzeuger, Macher, Bewahrer. ● Folgender, Ideenbringer, Ja-Sager, Querulant.
Beziehungen der Beteiligten	Herzlich, förmlich, professionell, distanziert, kühl.
Interaktion der Beteiligten	Kommunikationsstil (verbale und nonverbale Kommunikation), Bewertungs- und Feedback-Prozesse, Balance zwischen Anweisen und selbst organisiert arbeiten, sich (nicht) aufeinander beziehen, Harmonie und Disharmonie, Verlauf und Dynamik der Interaktion.
Historie der Beziehung	Kontaktformen, Kontakthäufigkeit, bisherige Ziele, Themen, Probleme, Lösungen, Ergebnisse und Erfolge.
Führungskraft	
Stil (Formen der Einwirkung)	Kooperativ, autoritär, laisser-faire, situativ.
Verhaltensdimensionen	Fördern, fordern, mitarbeiter-, aufgaben-, beteiligungs-, problem-, lösungs-, zielorientiert.
Ziele	Informieren, delegieren, entscheiden, anweisen, kontrollieren.

Merkmale	Beispiele
Aufgaben	Visionen gestalten, Ziele setzen, planen, Entscheidungen treffen, Aufgaben durchführen, Arbeit organisieren, Mitarbeiter und Termine koordinieren, Controlling, Ziel- und Plananpassungen vornehmen, kommunizieren, informieren, Mitarbeiter fördern und motivieren, Handlungsräume schaffen, positives Klima fördern.
Mitarbeiter (»Geführte«)	
Reaktionen und Verhaltensweisen	Zustimmen, mitarbeiten, schweigen, Widerstand leisten (offen oder verdeckt), sich beschweren, sich einbringen, mitdenken.
Ziele	Mitbestimmen und -entscheiden, beteiligt werden, informiert sein, sich gut darstellen, Fähigkeiten ausleben, »geliebt« werden, vorankommen, Karriere machen.
Kontext	
Ort	Raum, Ausstattung, Gebäude, Ort, Land.
Situation	Besprechung, Informationsveranstaltung, Mitarbeitergespräch, Kundengespräch, Präsentation, Workshop, Seminar, Tagung.
Anlass	Regelmäßige Treffen, Ad-hoc-Zusammenkünfte zum Beispiel auf Grund eines kritischen Ereignisses wie drohende Verluste, Krisen, Kündigung, Fusion.
Organisationsstruktur	Aufbauorganisation, Prozessorganisation, Informationen, Sachmittel.
Organisationskultur	Werte, Normen und Überzeugungen, Rituale und Symbole, Identität, geheime Spielregeln, Basisannahmen, Selbstverständnis, Führungsstil, Mythen und Geschichten innerhalb der Organisation.
Organisationsstrategie	Vision, Mission, Leitbild, Ziele, Produkte, Märkte, Zielgruppen, Vertriebswege, Marketing, Logistik.
Historie der Organisation	Alter, Gründer, Ort, Rahmenbedingungen, Zusammenschlüsse und Fusionen, Krisen, Erfolge.
Marktgeschehen und *Wettbewerbsumfeld*	Veränderungen und deren Dynamik, Wettbewerber und deren Verhalten, Rohstoffe und deren Knappheit, unerwartete Innovationen.
Gesellschaft	Wertewandel, Bedeutung von Arbeit, Leistung, Arbeitslosigkeit, Mobilität.

Führen vollzieht sich nach meiner Ansicht unter Berücksichtigung all dieser Merkmale. Es ist also ein ausgesprochen komplexer Vorgang. Daher kann ich Ihnen keine zweizeilige Definition von Führung anbieten. Zumal dies nie dem Gesamtprozess gerecht werden könnte. Führung bedeutet für mich:

- Sie muss wirksam sein, das heißt nachhaltige Leistung und Ergebnisse hervorbringen beziehungsweise erzielen.
- Führung ist ein Prozess der Beziehungsgestaltung zwischen »Führendem« und »Geführten«.
- Sie drückt sich aus durch sich aufeinander beziehende Interaktionen (verbale und nonverbale Kommunikation).
- Sie ist Ausdruck gegenseitiger Einflussnahme (zirkulär), da die Beteiligten durch ihre Handlungen permanente Rückkoppelungsprozesse initiieren und sich so wechselseitig beeinflussen.
- Sie basiert auf gegenseitiger Bedingtheit, also Abhängigkeit der Beteiligten.
- Führung benötigt Erlaubnis beziehungsweise Autorisierung durch die Beteiligten.
- Sie findet auf Basis gegenseitigen Vertrauens statt.
- Sie bedeutet Verantwortung übernehmen und tragen.
- Sie ist abhängig vom Rollenverständnis der Beteiligten.
- Sie wird geprägt durch die individuellen Persönlichkeiten, Grundhaltungen und Verhaltensweisen der daran Beteiligten.
- Sie findet immer in einem speziellen und einmaligen Kontext statt.
- Führung basiert auf klarer Verteilung beziehungsweise »Verabredung« der Aufgaben, Kompetenzen und Verantwortlichkeiten und »regelt« so Macht und Hierarchie.
- Sie unterstützt die Aufgabenverteilung und -erledigung unterschiedlicher Hierarchiestufen/-ebenen.
- Sie ist notwendig zur Sicherstellung von Ordnung in der Organisation.
- Führung bedeutet Rahmen setzen, um so Handlungsspielräume, aber auch Grenzen für die »Geführten« aufzuzeigen.
- Sie hat sich an den Zielen der Organisation zu orientieren.
- Sie bietet somit Klarheit und Orientierung für alle Beteiligten.

- Sie soll Mitarbeiter in ihrer Entwicklung fordern und fördern.
- Sie ist professionell, wenn sie mitarbeiter-, aufgaben-, beteiligungs-, problem-, lösungs- und zielorientiert erfolgt.
- Sie ist somit nicht auf einen bestimmten Stil festzulegen, sondern von der jeweiligen Situation abhängig.

Grafisch lassen sich die Zusammenhänge wir folgt darstellen:

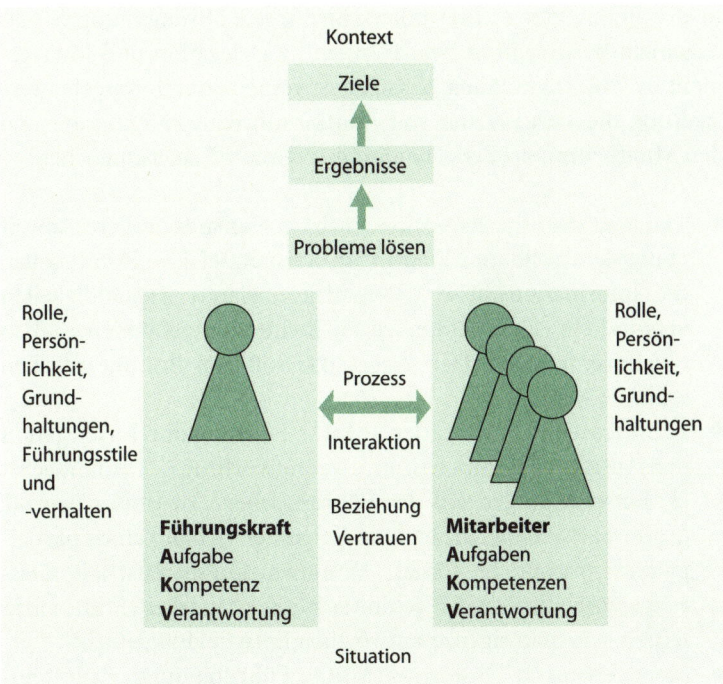

Führungsansätze

In der Praxis gibt es drei unterschiedliche Führungsansätze: Management by Exception, Management by Delegation und Management by Objectives. Allen Ansätzen ist gemein, durch Aufgabenverlagerung die Vorgesetzten von Routineaufgaben zu entlasten und den Mitarbeitern größere Handlungsspielräume zu ermöglichen.

- **Management by Exception (MbE):** Führung durch Abweichungskontrolle und Eingriff im Ausnahmefall. – Damit sollen die Informationsflüsse systematisiert, klarere Zuständigkeiten verwirklicht, Entscheidungen an Richtlinien gebunden und so objektiver werden. Der Vorgesetzte soll von Routineaufgaben entlastet werden.

- **Management by Delegation (MbD):** Führung durch Delegation von Aufgaben, Kompetenz und Verantwortung. – Grundidee ist es, Entscheidungen auf der Führungsebene zu treffen, wo die größte Sachkompetenz besteht. Es handelt sich um einen partizipativen Ansatz. Er fördert Verantwortungsbereitschaft, Leistungsmotivation und Eigeninitiative der Mitarbeiter. Sie sollen lernen, wie man eigenverantwortlich Entscheidungen trifft.

- **Management by Objectives (MbO):** Führung durch Zielvereinbarung. – Dieser Ansatz fördert Leistungsmotivation, Eigeninitiative, Verantwortungsbereitschaft und Selbstkontrolle der Mitarbeiter. Er entspricht dem Prinzip partizipativer Führung. Ziel ist es, die Identifikation der Mitarbeiter mit den Unternehmenszielen zu erhöhen. Diese sollen ihr Handeln an klaren Zielen ausrichten, objektiv beurteilt, leistungsgerecht bezahlt und ihren Fähigkeiten entsprechend gefördert und eingesetzt werden. Das Ergebnis solcher Führung ist bessere Planung und Zielabstimmung sowie systematischere Ausschau nach Verbesserungen.

Führungsstile und -verhalten

»Menschen mögen Leistung, weil sie ihren Tätigkeiten Sinn verleiht, zumal, wenn sie mit Erfolgen verbunden sind.« *Dieter Brandes*

In engem Zusammenhang mit diesen Führungsansätzen steht das konkrete Verhalten der Führungskraft. Um unterschiedliche Führungsverhalten zu verdeutlichen, sind insbesondere die Dimensionen Mitarbeiter- und Aufgabenorientierung entscheidend. Demnach lassen sich Führungsverhalten je nach Grad der Orientierung auf den genannten Dimensionen wie folgt unterscheiden:

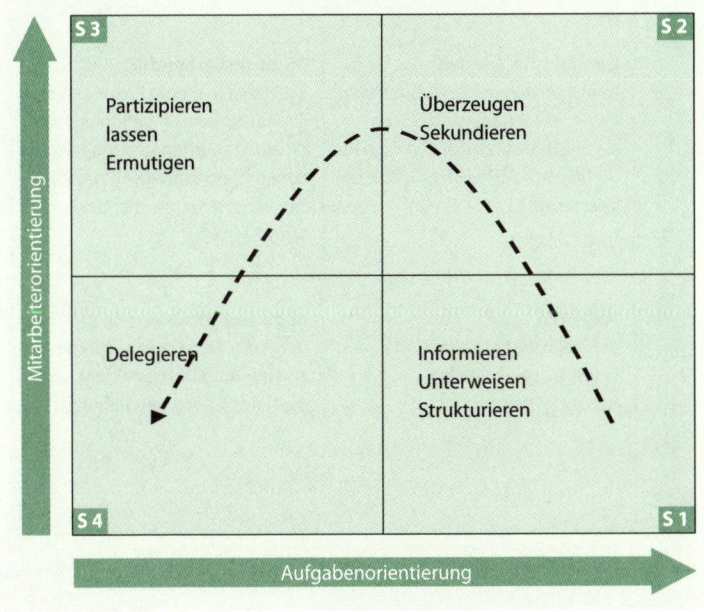

In Verbindung mit den dargestellten Führungsansätzen zeigt sich, dass diese sehr mitarbeiterorientiert sind. Die heutigen Anforderungen an Führungskräfte erfordern dies. Gerade in Zeiten mit einem starken Wandel müssen Unternehmen in der Lage sein, flexibel zu handeln und alle Innovationsmöglichkeiten auszuschöpfen. Das funktioniert nur, wenn die Mitarbeiter genügend Freiräume erhalten. Gleichzeitig dürfen sie aber nicht überfordert werden. Deshalb kommt deren »Reifegrad« entscheidende Bedeutung bei. Dieser ist abhängig von

- Engagement und Wollen (Leistungsmotivation und Verantwortungsbewusstsein) sowie
- Kompetenz und Können (Fähigkeiten und Fertigkeiten).

Das nachfolgende Vier-Felder-Schema (in Anlehnung an Zwingmann 1998, S. 126) soll helfen, die Mitarbeiter besser einschätzen zu können:

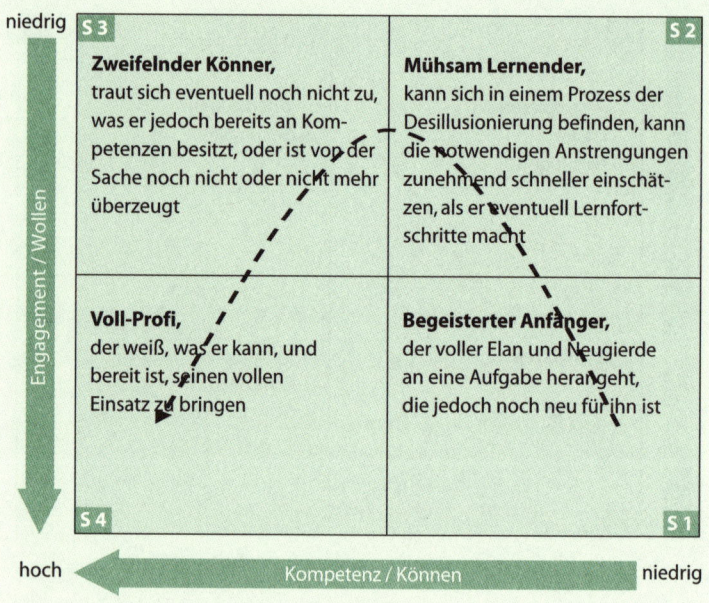

Mitarbeiter können aber nicht generell eingeordnet werden, sondern müssen immer abhängig von der jeweiligen Situation und der anstehenden Aufgabe eingeschätzt werden. Dies setzt eine aufmerksame Beobachtung und situative Entscheidung voraus! Auf Dauer ergeben diese Beobachtungen ein stimmiges Bild der jeweiligen Mitarbeiter.

Die langfristige Strategie zum Umgang mit verschiedenen Mitarbeitern ergibt sich aus der folgenden Darstellung:

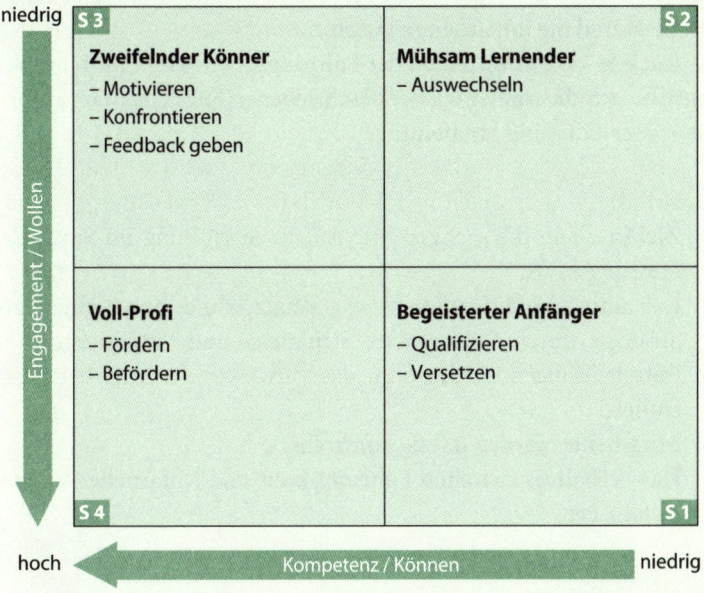

An dieser Stelle ein Hinweis, auch wenn er hart erscheint: Eine wichtige Aufgabe von Führungskräften ist es, gute Mitarbeiter zu fördern und sich von Schlechten langfristig zu trennen! Dies wird in der täglichen Praxis vielfach nicht konsequent umgesetzt. Mit nachvollziehbaren, positiven Absichten, aber fatalen negativen Folgen. Da wird beispielsweise eine Kündigung nicht ausgesprochen, um auf die anderen Mitarbeiter Rücksicht zu nehmen, denn man will ja keine schlechte Stimmung aufkommen lassen. Gerade das aber passiert, weil die anderen Mitarbeiter die Arbeit des Leistungsschwachen mitmachen müssen und dies augenscheinlich auch noch von der Führungskraft »gedeckt« wird. Oder der Abteilungsleiter, der, aus welchen Gründen auch immer, nicht mehr »benötigt« wird. Statt eine klare und sozialverträgliche Trennung durchzuführen, macht man aus ihm eine »Ein-Mann-Abteilung«. Da entdeckt selbst der frisch im Unternehmen tätige Auszubildende, was hier eigentlich los ist. Vom Gesichtsverlust, der Sinnlosigkeit dieser Tätigkeit und den psychischen Folgen für den Betroffenen ganz zu schweigen. Sicherlich kennen Sie aus Ihrer Praxis viele solcher Beispiele.

Abhängig vom Reifegrad ergeben sich so unterschiedliche Führungsschwerpunkte und -aufgaben für den Vorgesetzten, die in der Grafik auf Seite 20 mit S 1 bis S 4 skizziert sind. Die Kernaussage lautet: Je reifer ein Mitarbeiter, desto selbstständiger sollte er arbeiten (S 4) und Sie ihn arbeiten lassen.

Rücken wir das Verhalten der Führungskraft in den Mittelpunkt, ergeben sich die immer wieder beschriebenen Führungsstile: autoritär, laisser-faire und kooperativ.

Autoritär:

- Ziel ist allein die sachgerechte Aufgabenerfüllung im Sinne der Führungskraft.
- Der autoritäre Führungsstil ist gekennzeichnet durch eine klare Strategie, durch Zielvorgaben, Strukturen und Anweisungen.
- Entscheidungen werden ohne das Mitwirken der Mitarbeiter getroffen.
- Mitarbeiter werden häufig kontrolliert.
- Das Verhältnis zwischen Führungskraft und Mitarbeiter ist eher distanziert.

Laisser-faire:

- Laisser-faire meint an dieser Stelle nicht, dass alles ohne Ziele, (Selbst-)Kontrolle laufen gelassen wird, sondern dass keine direktiven Eingriffe durch die Führungskraft erfolgen.
- Ziel ist die Selbstentfaltung der Mitarbeiter.
- Grundsatz: Alle sind gleich.
- Ausrichtung auf ein gemeinsames Ziel findet kaum statt.
- Entscheidungen werden durch die Führungskraft nicht oder nur gering forciert beziehungsweise beeinflusst.
- Vorgehensweisen (Planen, Organisation, Durchführen und Kontrolle) werden von allen betroffenen Mitarbeitern entwickelt. Bei gegensätzlichen Meinungen dreht sich die Gruppe im Kreis, und es kann Stillstand entstehen.

Kooperativ:

- Ziel ist die bestmögliche Aufgabenerfüllung bei gleichzeitig größtmöglicher Zufriedenheit der Mitarbeiter.

- Partnerschaftlicher Umgang steht im Mittelpunkt.
- Hoher Wert von Kommunikation.
- Nutzt Elemente der vorgenannten Führungsstile. Autoritär: klare Strategie, Ziele, und Anweisungen nebst Kontrollen. Laisser-faire: Berücksichtigung von Mitarbeiterinteressen, Beteiligung an Entscheidungsprozessen.

Angewendet auf das vorhergehende Modell, führt dies zu folgenden Verhaltensvarianten:

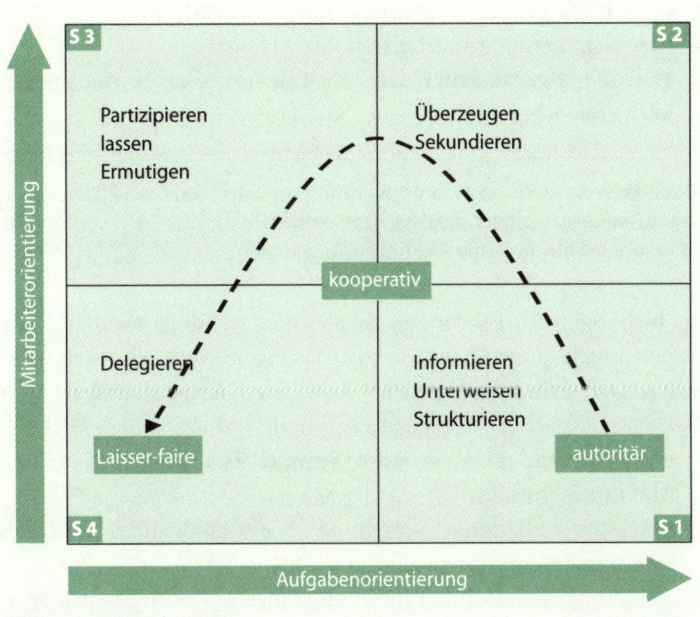

Übung

Nun sind Sie wieder an der Reihe. Wie schätzen Sie Ihren bevorzugten Führungsstil ein?

Wenn Sie sich unsicher sind, fragen Sie Ihren Vorgesetzten beziehungsweise Ihre Mitarbeiter. Nur Mut, denn soziales Lernen ist nur mit Feedback möglich! Hinterfragen Sie außerdem immer wieder kritisch Ihr eigenes Verhalten gegenüber Ihren Mitarbeitern:

● Schaffe ich einen Rahmen für angstfreies und motiviertes Arbeiten?
● Sind meine Mitarbeiter davon überzeugt, dass ich ihnen im Zweifel immer den Rücken stärke?
● Ist mein Verhalten berechenbar?
● Bin ich fair gegenüber jedem einzelnen Mitarbeiter?
● Lasse ich meinen Mitarbeitern ihre Erfolge?
● Würde ich gerne unter der Führung einer Person mit meinem Verhalten arbeiten?

 Buchtipp: Wer sich noch intensiver mit den verschiedenen Führungsstilen auseinander setzen möchte, dem empfehle ich das Buch von Regina Mahlmann: Führungsstile flexibel einsetzen (2002).

Die bisherigen Ausführungen zeigen, dass es »den« richtigen Führungsstil nicht geben kann. Es gilt, das eigene Verhalten stets anzupassen. Dabei sind die folgenden Aspekte zu berücksichtigen.

● **Situation und Kontext:** zum Beispiel Zeitdruck, Firmenkrise, Abteilungskonflikt.
● **Beteiligte und deren Beziehung:** Hierarchiestufen, Vertrauen, bisherige Interaktionen und so weiter.
● **Thema:** Vorgeschichte, Probleme, bisherige Lösungsversuche.
● **Mitarbeiter und deren Reifegrad:** Können und Wollen des Mitarbeiters.
● **Rollen(-verständnis)** der Beteiligten.
● **Ziele** der Beteiligten.

 Was in der jeweiligen Situation das »**richtige**« **Führungsverhalten** ist, lässt sich also nicht verallgemeinern. Vielmehr kommt es darauf an, die vorgenannten Aspekte zu beachten und so zu einem situativ angemessenen Führungsverhalten zu gelangen.

Führung als interaktiver Prozess

Führung setzt immer voraus, dass es Führende und Geführte gibt. Daher kommt den Beziehungen und der Wirkungsweise der Handlungen aller Beteiligten eine hohe Bedeutung zu.

> »Ein Führer entsteht nur, wenn eine Gefolgschaft bereits da ist.«
> *Ludwig Marcuse*

Führung aus systemischer Sicht (systemisch heißt hier: die Verhaltensweisen Einzelner beeinflussen das Zusammenwirken aller Beteiligten) bedeutet, dass Führung nur mit dem Einverständnis und der Unterstützung der Geführten wirksam werden kann. Anderenfalls wird die Zusammenarbeit nicht von Erfolg gekrönt sein.

Führung in diesem Verständnis impliziert also immer, dass es eine gegenseitige Abhängigkeit gibt. Die Interaktionen der Beteiligten stehen im Mittelpunkt der Betrachtung und auch das jeweilige Umfeld, in dem diese Interaktionen stattfinden, muss berücksichtigt werden. Davon ausgehend, sind die Verhaltensweisen der Führungskraft lediglich als ein (Beziehungs-)Angebot an den Mitarbeiter zu verstehen.

Zum Beispiel sich mit bestimmten Aufgaben zu beschäftigen, von der Führungskraft gewünschte Ergebnisse zu erzielen, Sachverhalte in der gleichen Art und Weise zu verstehen und zu beurteilen.

Das Verhalten und die Reaktion des Mitarbeiters auf dieses Angebot stellen wiederum ein Angebot zur Gestaltung dieser Arbeitsbeziehung im Sinne von Feedback dar. Die Sicht des Mitarbeiters spielt dabei eine große Rolle und zeigt, wie er geführt werden will, welche

Prioritäten er setzt und welche Ziele er hat. Durch diesen gegenseitigen Austauschprozess sollte es gelingen, ein gemeinsames Verständnis über die Inhalte, aber auch den Prozess zu erlangen. Dies setzt voraus, dass gegenseitiger Respekt, Vertrauen und Verständnis vorhanden sind. Denn das ist grundsätzlich die Basis für eine wirksame Führungsarbeit!

Die Rolle der Führungskraft besteht also darin, den Rahmen zu schaffen, damit die Mitarbeiter erfolgreich ihre Aufgaben erledigen können. Dafür muss der entsprechende Kontext gestaltet werden. Dazu gehören:

- Sicherstellen, dass es grundsätzlich Regeln gibt. Einige wenige Regeln können hervorgehoben werden, die für die Führungskraft besonders wichtig und damit unumstößlich fixiert sind.
- Sanktionen sollten nicht nur angedroht, sondern konsequent durchgeführt werden, sobald die Regeln verletzt werden.
- Direkt Belohnungen aussprechen, um Erfolge unmittelbar sichtbar zu machen und Leistung lohnenswert zu gestalten.
- Die nötige Infrastruktur (zum Beispiel Räumlichkeiten, Kommunikationsmedien, Informationsstrukturen) bereitstellen.

Und natürlich muss die Führungskraft die Beziehung gestalten (s. S. 193). Wenn dann Führung nicht mehr nur als ein Prozess verstanden wird, in dem der Führende agiert und die Geführten lediglich reagieren, findet aktive Führungsarbeit ebenfalls durch den Mitarbeiter statt (Führung von unten).

Exkurs: Arbeit als Management von Tauschbeziehungen

Die neueste Forschung (s. Dickmann 2001) geht davon aus, dass es sich bei Arbeitsverhältnissen um einen Austausch von Anreizen handelt. In dieses Verhältnis bringen sowohl die Organisation (und somit die Führungskraft als deren Vertreter) als auch der Mitarbeiter Anreize ein, die in der folgenden Übersicht aufgelistet sind.

Anreize Organisation	Anreize Mitarbeiter
● Gehalt	● Arbeitsleistung
● Beförderung	(Zeit, Kraft, Wissen und Können)
● Berufliche Weiterentwicklung	● Commitment
● Soziale Leistungen	● Flexibilität
● Prestige	● Lernbereitschaft
● Respektvolle Behandlung	● Identifikation
● Anerkennung	● Leistungsbereitschaft
● Status	● Engagement

Neben dem offiziellen Arbeitsvertrag wird stets auch ein so genannter »psychologischer (Austausch-)Vertrag« geschlossen. Dieser lässt sich als ein »Verbund von ungeschriebenen, gegenseitigen Erwartungen zwischen den einzelnen Mitarbeitern und der Organisation« definieren. Beide Seiten erwarten, dass der Austausch der genannten Anreize auch erfüllt wird. Findet nun während des Arbeitsverhältnisses ein »Vertragsbruch« statt, indem beispielsweise der Mitarbeiter in seinen Erwartungen enttäuscht wird, ist nicht selten folgender Prozess als Konsequenz zu beobachten.

● **Erste Phase – Voice:** Der Mitarbeiter äußert die Enttäuschung und formuliert explizit seine Erwartung. Beispielsweise findet eine unausgesprochene, aber wegen der außergewöhnlichen Leistungen und nach bisherigen Erfahrungen anstehende Gehaltserhöhung nicht statt. Wenn eine solche Enttäuschung nicht ernst genommen wird und entsprechend proaktiv eingegriffen wird, verliert der Mitarbeiter das Vertrauen und tritt daraufhin in die nächste Phase ein.
● **Zweite Phase – Behavioural Change:** Der Mitarbeiter verändert sein (bisher nicht belohntes) Verhalten. Im genannten Beispiel könnte er sein Engagement reduzieren und weniger aktiv mitarbeiten. Doch häufig führt auch das nicht zu Reaktionen seitens der Führungskraft – im Gegenteil. Leider findet dann oft eine Abwertung des Mitarbeiters statt. Beispielsweise heißt es dann: »Das war wohl nur ein Strohfeuer«, »Jetzt spielt er die beleidigte Leberwurst«.

● **Dritte Phase – Exit:** Der Mitarbeiter fühlt sich zunehmend unwohl in der Organisation. Fehlendes Vertrauen zur Führungskraft und eine unbefriedigende Arbeitssituation (Leistung und Engagement werden nicht belohnt) bringen ihn nach einer gewissen Zeit dazu, das Unternehmen zu verlassen.

Zweifelsohne sind solche Prozesse nicht wegen jeder Kleinigkeit zu befürchten, aber sie geschehen tagtäglich. Und die Summierung solcher »Kleinigkeiten« sorgt für sinkendes Vertrauen und führt zur inneren Kündigung. Welche Konsequenzen ergeben sich daraus für eine Führungskraft, um solche Prozesse zu verhindern oder frühzeitig zu stoppen?

● Wachsam sein und systematisch die Mitarbeiter beobachten.
● Regelmäßiger Kontakt und Austausch über Erwartungen und Befindlichkeiten zwischen Führungskraft und Mitarbeiter (nicht nur im Rahmen von formellen Mitarbeitergesprächen sondern auch informell im Arbeitsalltag).
● Erwartungen und insbesondere Enttäuschungen ernst nehmen, um so einem drohenden Vertrauensverlust vorzubeugen.

Ganz sicher sind solche Geschehnisse Schuld an dem hohen Anteil der Mitarbeiter, die innerlich gekündigt haben. Nach aktuellen Schätzungen liegt in der Bundesrepublik Deutschland der Prozentsatz dieser Mitarbeiter bei 50 Prozent. Sie verrichten nur »Dienst nach Vorschrift«. Damit gehen den Unternehmen ungeheure Leistungs- und Managementpotenziale verloren!

Grundlagen wirksamer Führung

Fredmund Malik schreibt in seinem Buch »Führen, Leisten, Leben« (2001), dass Führung dann wirksam ist, wenn sie dazu beiträgt, erwünschte Resultate zu erzielen. Für ihn gehören dazu:

- Resultatsorientierung,
- Beitrag zum Ganzen leisten,
- Konzentration auf Weniges,
- Stärken nutzen,
- Vertrauen,
- positiv denken.

Dem stimme ich uneingeschränkt zu. Doch was genau benötigen Mitarbeiter, um Resultate beziehungsweise Ergebnisse erzielen zu können und zu wollen? Zunächst müssen Mitarbeiter das notwendige Wissen haben, um Aufgaben erfolgreich durchführen zu können. Hier sind Wissenstransfer und eigenständige Wissensaufnahme gefragt. Die Mitarbeiter müssen also in der Lage sein, Lernprozesse selbst zu gestalten und zu steuern. Dann müssen die Mitarbeiter natürlich wollen. Sie müssen motiviert sein, entsprechende Leistungen zu erbringen und gute Ergebnisse erzielen zu wollen.

Schließlich benötigen die Mitarbeiter auch das notwendige Können, also die Fertigkeiten und Verhaltensweisen, die dazu beitragen, die gewünschten Ergebnisse zu erzielen. All diese Aspekte sind weitgehend von den Mitarbeitern selbst abhängig beziehungsweise beeinflussbar. Mitarbeiter können jedoch nur dann Ergebnisse erzielen, wenn sie auch tatsächlich die Erlaubnis (das Dürfen) haben, dies alles zu tun. Hier liegt es bei der Führungskraft, dies zuzulassen und Vertrauen in die Mitarbeiter zu haben.

»Was mich anbetrifft, so zahle ich für die Fähigkeit, Menschen richtig zu behandeln, mehr, als für irgendeine andere auf der ganzen Welt.« John *Davison Rockefeller*

Zudem ist es notwendig, dass die Mitarbeiter sich selbst zutrauen, ihre Fähigkeiten einzusetzen, neue Aufgaben anzunehmen, erfolgreich zu erledigen, und sich dann am Erfolg erfreuen. – Nach meiner Erfahrung ist einer der Hauptgründe für mangelnden Erfolg, dass Menschen sich diesen nicht erlauben, weil Erfolg eben nicht nur mit positiven, sondern durchaus auch mit negativen Konsequenzen verbunden ist!

Beispielsweise gibt es im beruflichen Umfeld Neider, was häufig zu distanzierten Beziehungen zu erfolgreichen Menschen führt. Damit gehen auch Vereinsamungstendenzen einher. Oder in der eigenen Familiengeschichte gibt es keine »Erfolgsvorbilder«. Mit einer solchen Sozialisation kann erfolgreich zu sein von den Eltern immer wieder als Beweis für deren Erfolglosigkeit beziehungsweise Minderwertigkeit bewertet werden. Dies kann den Kontakt und die Beziehung nachhaltig belasten.

Eine wirksame Führung liegt wesentlich an der persönlichen Beziehung zwischen Führungskraft und Geführtem. Hierzu gehören:

● emotionale Intelligenz,
● Respekt,
● Vertrauen und Glaubwürdigkeit,
● Verständnis,
● Fairness, Offenheit und Erfüllung gegenseitiger Erwartungen,
● Partizipation,
● Fürsorge, Sorgfalt und Rückhalt,
● Authentizität leben und Vorbild sein,
● Selbstdisziplin und konsequentes Handeln.

Nachfolgend werden die genannten Elemente näher erläutert.

Emotionale Intelligenz

Emotionale Intelligenz ist die Grundvoraussetzung, ohne sie sind alle weiteren Elemente schwer bis gar nicht realisierbar. Zur emotionalen Intelligenz führen fünf Stufen: Eigene Gefühle erkennen. Mit eigenen Gefühlen umgehen. Eigene Gefühle umsetzen. Beziehungen zu anderen aufbauen. Mit Menschen individuell umgehen.

Die fünf Komponenten der emotionalen Kompetenz		
Komponente	**Definition**	**Kennzeichen**
Selbstreflexion	Die Fähigkeit, die eigenen Stimmungen, Gefühle und Antriebe sowie ihre Wirkung auf andere zu erkennen und zu verstehen.	Selbstvertrauen; realistische Selbsteinschätzung; selbstkritischer Sinn für Humor.
Selbstkontrolle	Die Fähigkeit, Impulse und Stimmungen zu beherrschen und vorschnelle Urteile zu vermeiden – erst denken, dann handeln.	Vertrauenswürdigkeit und Integrität; mit Mehrdeutigkeit fertig werden; Offenheit gegenüber Veränderungen.
Motivation	Hingabe an die Arbeit aus Gründen, die über Geld oder Status hinausgehen. Ziele mit Energie und Ausdauer verfolgen.	Starker Wille zum Erfolg; Optimismus selbst bei Rückschlägen; betriebliches Engagement.
Empathie	Die Fähigkeit, sich in die Gefühlswelt anderer Menschen hineinzuversetzen und mit Rücksicht auf deren Gefühle zu handeln.	Erfahrung im Fördern und Weiterentwickeln von Begabungen; interkulturelle Sensibilität; Kundenorientierung.
Soziale Kompetenz	Das Können, Beziehungen zu unterhalten und Netzwerke aufzubauen. Die Fähigkeit, eine gemeinsame Basis zu schaffen und enge Beziehungen zu knüpfen.	Effektivität beim Herbeiführen von Veränderungen; Überzeugungskraft; Erfahrung im Aufbau und Leiten von Teams.
(Nach: Goleman, Daniel: Emotionale Intelligenz. In: Harvard Business Manager 3/1999)		

Respekt

Führungskräfte sollten die anderen zunächst als Menschen und erst dann als Mitarbeiter sehen und verstehen. Vertrauen und Verständnis müssen ihnen entgegengebracht werden. Mitarbeiter sollten auch stets fair behandelt werden.

> »Respekt zu bezeugen ist heutzutage fast ebenso schwer, wie Respekt zu verdienen.« *Joseph Joubert*

Um dies alles umsetzen zu können, sollten Grundfertigkeiten des menschlichen Miteinanders beherrscht werden wie zuhören, ausreden lassen und den anderen so sein lassen, wie er ist. Dies bedeutet aber nicht, dass Fehlverhalten immer toleriert und nicht sanktioniert wird – im Gegenteil! Denn jedes Verhalten ist mit Konsequenzen verbunden.

Beispiel: Wenn der Mitarbeiter als »schlampig« gilt, seine Aufgaben aber gut und in der erwünschten Zeit erledigt, sollten Sie dies nicht zum Problem erklären. Führt hingegen seine Schlampigkeit nachweislich zu schlechten Ergebnisse und versäumten Terminen, so ist es dringend geboten, dem Mitarbeiter dies umgehend zurückzumelden (s. S. 170, Feedback) und mit ihm die notwendigen Veränderungen und Konsequenzen zu besprechen. Das bedeutet in der Folge: Kehrt der Mitarbeiter wie auch immer zu alter Stärke trotz seiner Schlampigkeit zurück, ist alles in Ordnung. Bleiben seine Ergebnisse jedoch weiterhin hinter den Erwartungen zurück und fruchten auch zusätzliche Hinweise und Änderungsversuche nichts, kann das in letzter Konsequenz zur Trennung führen!

Zum respektvollen Miteinander gehört es nicht, Fehlverhalten zu tolerieren, sondern dies wertschätzend und angemessen zu thematisieren, aber immer die Konsequenzen für alle Beteiligten im Auge zu behalten.

Vertrauen und Glaubwürdigkeit

Führungskräfte sollten Vertrauen in das Handeln ihrer Mitarbeiter entwickeln. Sie müssen dazu zunächst einen Vertrauensvorschuss geben und darauf hoffen, dass diese freiwillige Vorleistung nicht ausgenutzt wird. Vertrauen kann es nur in Situationen geben, in denen keine Möglichkeit der restlosen Kontrolle des Handelns anderer besteht. Vertrauen ist und bleibt grundsätzlich instabil. Es bildet sich langsam heraus und muss durch konkrete Interaktionen unterstützt werden, damit es sich stabilisiert. Dennoch ist immer zu beachten, dass es mit nur einem einzigen falschen Satz nachhaltig zerstört werden kann!

»Vertrauen ist für alle Unternehmungen das große Betriebskapital, ohne welches kein nützliches Werk auskommen kann. Es schafft auf allen Gebieten die Bedingungen gedeihlichen Geschehens.« *Albert Schweitzer*

Glaubwürdigkeit ist dafür eine wichtige Grundlage. Diese ist vom Wahrheitsgehalt der an den Mitarbeiter gegebenen Informationen abhängig sowie davon beeinflusst, ob sich die Führungskraft später ihren Ankündigungen entsprechend verhält. Das Verhalten der Führungskraft wird so für den Mitarbeiter berechen und vorhersagbar. Das ist eine wesentliche Bedingung für eine vertrauensvolle Beziehung.

Glaubwürdigkeit ist damit Grundvoraussetzung für die Entwicklung von Vertrauen, welches sich mit weiteren positiven Erfahrungen erneuert und verstärkt, aber auf der anderen Seite durch Missbrauch schnell und nachhaltig zerstört wird. Vertrauen spielt eine zentrale Rolle für das Funktionieren von Arbeitsabläufen in Organisationen und ist Grundlage, um Führungsbeziehungen erfolgreich gestalten zu können.

Vertrauen lässt sich aber nicht verordnen. Damit es schnell wirksam werden kann, muss es nicht zwangsläufig auf Vertrautheit und damit langfristiger Gemeinschaft beruhen. Der Vertrauensvorschuss durch die Führungskraft ist als Erstes unabdingbar. Misstrauen sollte damit erst dann entstehen, wenn dem Mitarbeiter schlechte Absichten nachgewiesen werden können.

Vertrauen motiviert auch, denn es verpflichtet die Mitarbeiter, erzeugt Ansprüche auf gegenseitiges Vertrauen und bindet so die Mitarbeiter an die Führungskraft und die Organisation. Vertrauen bedeutet, den Mitarbeitern ausreichend große Handlungsspielräume zu geben und darauf zu vertrauen, dass sie zu Ihnen kommen, wenn unüberwindbare Schwierigkeiten auftauchen. Vertrauen in Organisationen schaffen Sie durch Folgendes:

- Eine klare Vision gestalten und eine Zukunftsorientierung geben.
- Gemeinsame Ziele entwickeln.
- Regelmäßigen persönlichen Kontakt zu den Mitarbeitern pflegen.
- Transparenz von Führungsentscheidungen schaffen.
- Vorhersagbarkeit, Berechenbarkeit, Verlässlichkeit und Transparenz durch Kommunikation.
- Selbstkontrolle und -steuerung der Mitarbeiter erhöhen.
- Ein Gefühl von Zugehörigkeit für die Mitarbeiter vermitteln.
- Lernprozesse aktiv gestalten statt Fehlervermeidung und Suche der Schuldigen.
- Kein Vertrauensentzug bei einmalig vorkommenden Fehlern.
- Fairness, Offenheit und Erfüllung gegenseitiger Erwartungen.
- Authentisches Verhalten, Selbstdisziplin und Konsequenz.
- Konsequenter Umgang mit Mitarbeitern, die das gegebene Vertrauen bewusst und wiederkehrend missbrauchen, bis hin zur Trennung von solchen Mitarbeitern.

Führungskräfte, die das Vertrauen ihrer Mitarbeiter haben, erfahren ein hohes Maß an Akzeptanz. Ihnen werden auch Meinungsänderungen und Fehler eher verziehen. – Vertrauen hat allerdings nichts mit naiver Vertrauensseligkeit, dem Nichtsanktionieren von Fehlverhalten oder dem konsequenten Umsetzen von möglicherweise unpopulären Entscheidungen zu tun.

Übung

Damit Sie Ihre eigene Glaubwürdigkeit prüfen können, stellen Sie sich bitte folgende Fragen:

Welche Wirkungen gehen von mir aus? Kenne ich diese?

Welche Konsequenzen erzeugen meine Wirkungen?

Führt die Wirkung, die von mir ausgeht, zu steigender Motivation oder fördert dies eher Demotivation?

Verständnis

Verständnis signalisieren bedeutet, die Sichtweise des Gegenübers zu verstehen, sich in ihn hineinzuversetzen und nachzuvollziehen, warum er so und nicht anders handelt. Dabei bedeutet Verständnis nicht zwangsläufig, dies alles zu akzeptieren!

Fairness, Offenheit und Erfüllung gegenseitiger Erwartungen

Generell heißt fair sein, gerecht und damit berechenbar zu denken und zu handeln. Das ist häufig ungeheuer schwer, werden im täglichen Miteinander doch die »Fairness-Kriterien« immer vom einzelnen Individuum selbst aufgestellt und sind damit nicht für alle einheitlich und verbindlich. Fairness im Kontext Führung bedeutet, den Mitarbeiter frühzeitig zu informieren, ihm gegenüber seine eigene Meinung und auch Gefühle nicht zurückzuhalten, offen über anstehende Veränderungen und Konsequenzen zu reden und den Mitarbeiter jederzeit in die Lage zu versetzen, sein Gesicht zu wahren und handlungsfähig zu bleiben.

Offenheit bedeutet, alles zu kommunizieren, was für den Mitarbeiter notwendig ist, damit dieser gute Arbeit leisten kann. Sie meint nicht, alles zu sagen, was die Führungskraft weiß (sowohl fachliche, wie eventuell auch persönliche Aspekte), das wäre naiv.

»Wer für alles offen ist, kann nicht ganz dicht sein!« *Szenespruch*

Wenn die Führungskraft aber etwas sagt, muss es auch so gemeint sein. Sie müssen also unbedingt sicherstellen, dass die Information in der gewünschten Form tatsächlich beim Mitarbeiter angekommen ist.

Die Erfüllung gegenseitiger Erwartungen impliziert, dass diese bekannt sind. Also gelten als Voraussetzung der offene Austausch und das Klären von Sichtweisen und Erwartungen. Zudem muss klar werden, wie Vereinbarungen getroffen und umgesetzt werden. Die Erwartungen beziehen sich in der Regel nicht auf bestimmte Inhalte – wie beispielsweise Gehaltserhöhungen –, sondern eher auf die Art und Weise, wie die Beziehung gestaltet wird. Dazu gehören beispielsweise Art und Häufigkeit des Kontaktes, respektvoller Umgang, Offenheit, Vertrauen, Einhalten von Vereinbarungen.

Partizipation

»Sage es mir, und ich werde es vergessen.
Zeige es mir, und ich werde mich daran erinnern.
Beteilige mich, und ich werde es verstehen.« *Lao Tse*

Unter Partizipation versteht man die Beteiligung von betroffenen Mitarbeitern an Entscheidungsprozessen. Dabei sind unterschiedliche Beteiligungsstufen zu unterscheiden: Informationen geben, Interessen berücksichtigen, mit entscheiden lassen, autonom entscheiden lassen.

Partizipation erhöht die Motivation der Mitarbeiter und reduziert wirkungsvoll Widerstände beziehungsweise vermeidet diese. Zur Partizipation gehört es auch, notwendige Aufgaben, Kompetenzen und Verantwortlichkeiten auf die Mitarbeiter zu übertragen.

Fürsorge, Sorgfalt, Rückhalt geben

Jeder Mensch und damit auch jeder Mitarbeiter, sehnt sich in gewissem Maß nach Fürsorge, Hilfestellungen, Aufmerksamkeit und Rücksicht. Er wünscht sich eine faire, mitunter auch behutsame Behandlung.

Sie sind schon jetzt für Ihr Leben verantwortlich, vollständig. Die einzige Frage ist:»Werden Sie das anerkennen?« *Ron Smothermon*

Dem trägt die gesetzlich verankerte Sorgfaltspflicht des Arbeitgebers – vertreten durch die Führungskräfte – Rechnung. Für das Wohlergehen, die Entwicklung, die Unterstützung und die Förderung der Mitarbeiter wird Verantwortung übernommen. Das zeigt sich beispielsweise in der Bereitschaft, jederzeit für die Aufgaben und Belange des Mitarbeiters ansprechbar zu sein, insbesondere wenn er um Hilfe, Unterstützung und Begleitung (im Rahmen von Mitarbeiter-Coaching) bittet. Letztlich ist es wichtig, einfach da zu sein, wenn der Mitarbeiter einen Ansprechpartner benötigt, und diesem emotionalen Rückhalt zu geben.

Damit ist nicht gemeint, sich dem Mitarbeiter als »Kummerkasten« anzubieten oder ihm die Eigenverantwortung abzunehmen, sondern im Gegenteil diese durch das Geben von Sicherheit und Rückhalt zu stärken und zu fördern.

Authentizität leben und Vorbild sein

Authentizität bedeutet, echt, wahrhaftig, stimmig und damit glaubwürdig zu sein. Anders ausgedrückt: Die Führungskraft muss das tun, was sie sagt beziehungsweise ankündigt. Dadurch wird sie für ihre Mitarbeiter verlässlich, berechen- und vorhersagbar. Authentisch sein geht einher mit hohen Ansprüchen an sich selbst. Das funktioniert nur mit einem großen Maß an Selbstdisziplin und Konsequenz.

Erkennbar wird Authentizität in der Einheit von Denken, Sprechen und Verhalten. Grundvoraussetzung ist, die Verantwortung für das eigene Verhalten und die sich daraus ergebenden Konsequenzen anzunehmen.

Authentizität ist darüber hinaus etwas, was im Laufe von Jahren wächst, und basiert damit auf Erfahrung und Reife einer Person. Um bei Mitarbeitern eigenverantwortliches Verhalten zu generieren, muss eine Führungskraft Vorbild sein und mit gutem Beispiel vorangehen, indem sie beispielsweise gegebene Zusagen selbstverständlich einhält.

Ein Negativbeispiel soll dies verdeutlichen: In zahlreichen Unternehmen gilt die Weisung, dass ein Telefon spätestens nach dem dritten Klingelzeichen abzunehmen ist und sich die Mitarbeiter mit einer geeigneten Grußformel melden sollen. Häufig erlebt man aber, dass Führungskräfte zwar solche Standards mit entwickeln, sich aber meist selbst nicht daran halten.

Übung

Überprüfen Sie anhand von typischen Situationen aus Ihrem Führungsalltag, inwieweit Sie sich authentisch verhalten. Klären Sie für sich, welche Denkweisen und Grundhaltungen notwendig sind, um im Sprechen und Verhalten authentisch zu werden. Gehen Sie wie folgt vor:

- Schreiben Sie zu einer typischen Situation auf, was Sie dabei gedacht haben und was genau Sie gesagt haben.
- Notieren Sie, welche weiteren Verhaltensweisen Sie gezeigt haben. Dabei handelt es sich um jede Form der nonverbalen, das heißt durch Mimik, Gestik und Körperhaltung ausgedrückten Kommunikation.
- Überprüfen Sie, inwieweit Denken, Sprechen und Verhalten stimmig waren. Wenn es nicht stimmig war, gehen Sie nun den umgekehrten Weg und notieren Sie, was Sie hätten denken müssen, um das gewünschte Sprechen und Verhalten zu erzielen.
- Welche Grundhaltungen wären notwendig gewesen, um authentisch zu sein im Denken, Sprechen und Verhalten?
- Verwenden Sie dazu die nachfolgende Tabelle.

Grundhaltung	Denken	Sprechen	Verhalten

Folgende Denkanstöße sollen Ihnen helfen, um in Ihrem eigenen Führungsalltag authentischer zu werden:

- Fokussieren Sie auf den Augenblick, bleiben Sie im »Hier und jetzt«.
- Nehmen Sie wahr, was draußen ist: Mitarbeiter, Inhalte, Kontext und so weiter.
- Achten Sie darauf, welche Gedanken und Gefühle in Ihnen entstehen.
- Gedankenstopp einlegen.
- Erwünschtes Sprechen und Verhalten bestimmen.

● Geeignete Gedanken dazu entwickeln.

● Überprüfen, inwieweit diese Ihrer Grundhaltung entsprechen.

● Sprechen und Verhalten ausprobieren und anhand des Feedbacks des Gegenübers prüfen, ob das Ziel erreicht ist.

Selbstdisziplin und konsequentes Handeln

Selbstdisziplin ist die Fähigkeit, nachhaltig und über einen längeren Zeitraum hinweg alle notwendigen Maßnahmen und Handlungen durchzuführen, um erwünschte Ziele und Ergebnisse zu erreichen. Selbstdisziplin bedeutet, das zu tun, was Ihnen selbst wichtig ist! Sie setzt eine eigene Entscheidung, den eigenen freien Willen voraus und ist somit eine Frage der persönlichen Reife. Selbstdisziplin bedeutet, Dinge für sich selbst mit der notwendigen Konsequenz zu tun und eben nicht für andere (das ist nur Disziplin!).

Zur Selbstdisziplin gehört auch, eine Vereinbarung mit sich selbst zu treffen und alles dafür zu tun, diese einzuhalten. In Bezug auf andere Menschen geschieht dies in der Regel ganz selbstverständlich. Aber erst, wenn es Ihnen im Umgang mit sich selbst gelingt, werden Sie nachhaltig zufrieden, glücklich und selbst gesteuert leben und viele Ihrer selbst gesteckten Ziele tatsächlich erreichen!

Konsequent sein heißt, ein Ziel beharrlich und nachhaltig zu verfolgen und dabei die Verantwortung für die Folgen des eigenen Verhaltens zu übernehmen, eventuelle Verzögerungen und Rückschläge in Kauf zu nehmen und gegebenenfalls Anpassungen im Denken, Sprechen und Verhalten vorzunehmen (s. auch S. 197ff.).

Umgang mit Macht

Merkmale von Macht

Macht kann verstanden werden als Macht über etwas oder als Macht, etwas zu tun. In der betrieblichen Praxis versteht man darunter eine Form der Beeinflussung, seinen eigenen Willen gegenüber anderen Menschen, notfalls auch gegen deren Widerstand, durchzusetzen.

> »Die Nichtausübung von Macht missfällt den Leuten. Und wohlgemerkt: nicht den Chefs missfällt das, sondern den Untergebenen.« *Luciano de Crescenzo*

Selbst für die Erledigung einfachster Dinge wird Macht benötigt. Sie ist daher allgegenwärtig und notwendig. In Organisationen wird sie durch Hierarchie und Vergabe von Vollmachten, Kompetenzen und Verantwortungsbereichen verteilt. Man spricht hier von formaler Macht oder Macht kraft Position. Macht ist aber nicht nur an die Position, sondern auch an die Person und deren Verhaltensweisen gekoppelt. Sie begründet sich somit auf zwei Quellen: Position und Person. Die mächtigste Position hilft nichts, wenn deren Inhaber nicht die ihm übertragene Macht im Sinne des Unternehmens und dessen Zielen umsetzen kann. Umgekehrt kann jemand in einer weniger »mächtigen« Position durch seine Person größeren Einfluss ausüben und damit Macht aus seiner eigenen Persönlichkeit erschaffen.

In Organisationen lassen sich drei Machtbereiche unterscheiden: Erlaubtes, eigenes Ermessen und Verbotenes. Die »Grauzone«, der eigene Ermessensspielraum, lässt sich nie klar definieren und ist oft Gegenstand von Auseinandersetzungen. Durch diesen Spielraum kann nämlich die persönliche Machtbasis vergrößert werden. Macht ist ein zentraler Bestandteil jedes sozialen Systems. Dabei ist nicht entscheidend, dass es Macht und Mächtige gibt, sondern wie damit umgegangen wird. Alle Machtbeziehungen sind wechselseitig: Jede Seite wird durch die andere beeinflusst und leistet so Beiträge zu Machtentstehung und -erhaltung. Manchmal ist es die scheinbar schwächere Seite, die in Wirklichkeit die Kontrolle hat. Das wirft ein anderes Licht auf die angeblichen Opfer und deren »Unschuld«.

Machtmittel, Machtarten und Machtausübung

Als Machtmittel werden sowohl positive (finanzielle Belohnung, symbolische Auszeichnungen) als auch negative Sanktionen (Drohungen, Entzug von Privilegien) eingesetzt. Weitere Machtmittel sind: Bestrafung, Zwang, psychische und physische Gewalt, Manipulation, beispielsweise von Informationen sowie Korruption. Der nebenstehende Überblick zeigt die verschiedenen Machtarten, die Art der Machtausübung sowie die jeweils eingesetzten Machtmittel.

Tipps für den Umgang mit Macht

Damit Sie Macht als Führungsmittel bewusst und wirksam einsetzen können, nachfolgend Tipps zum besseren Umgang damit.

- Akzeptieren Sie Macht als notwendiges Mittel zum Treffen und zum Durchsetzen von Entscheidungen.
- Werden Sie sich Ihrer eigenen Macht bewusst.
- Sorgen Sie dafür, dass Sie über die notwendige Positionsmacht (Erlaubnis, Kompetenz) verfügen.
- Seien Sie willens, verliehene Macht anzunehmen und diese zum Wohle des Unternehmens und Ihrer Mitarbeiter einzusetzen.
- Übernehmen Sie die Verantwortung für Ihre Entscheidungen.
- Treffen Sie Entscheidungen auch unter dem Blickwinkel der Auswirkungen auf das Machtgefüge in der Organisation.
- Handeln Sie bewusst und verantwortungsvoll.
- Seien Sie sensibel für die Machtstrategien anderer.
- Stellen Sie – wo immer möglich – Transparenz her.

Machtarten	Art der Machtausübung	Eingesetzte Machtmittel
Informations-macht	Informationen nutzen können, Informationsvor-sprung verwenden.	Wissen falsch oder unvoll-ständig weitergeben be-ziehungsweise vorenthal-ten.
Beziehungs-macht	Über Beziehungen Abhän-gigkeiten aufbauen, de-nen sich andere Personen kaum entziehen können.	»Leiche im Keller«, die er-pressbar macht. Gefällig-keiten erweisen, um ande-re sich zu verpflichten.
Charismatische Macht	Macht durch Ausstrahlung und Persönlichkeit.	Ausstrahlung demonstra-tiv einsetzen.
Status- und Positionsmacht	Verliehene Macht, die durch den verliehenen Status Einfluss garantiert.	Anordnungen geben, For-derungen stellen, Ver-dienste anderer auf das eigene Konto buchen.
Belohnungs-macht	Beförderungen (klassische Form). Unerwünschte Fol-gen fern halten (zum Bei-spiel Arbeitsplatzverlust).	Gehaltserhöhungen, Kom-plimente, Bestärkung von Verhalten, mit Versetzun-gen oder Entlassungen drohen.
Expertenmacht	Person verfügt über be-stimmte Kenntnisse und Qualifikationen, die ande-re nicht haben.	Überzeugen, argumentie-ren, Gründe liefern.
Macht durch Zwang	Androhung von negativen Folgen.	Anweisungen werden sa-botiert.
Legitimations-macht	Durch entsprechende Re-gelungen wird das Recht eingeräumt, auf Verhalten einzuwirken und institu-tionelle Mittel einzuset-zen.	Informelle Unterstützung »von oben« einholen, sich mit einer Bitte an höhere Instanzen wenden.
Definitions- und Deutungsmacht	Es wird definiert, was er-laubt und was verboten, was gut oder schlecht ist, worüber gesprochen wer-den darf und worüber nicht.	Einsatz von Spielregeln. Erlaubnis einholen, was veröffentlicht werden darf und wann.
Nach: J. Chalupsky u.a.: Der Mensch in der Organisation (2000).		

Führungsprinzipien und Grundhaltungen

Damit Führung gut gelingen kann, nachfolgend eine bewusst rezepthaft gehaltene Aufzählung von Prinzipien, die professionelle und erfolgreiche Führungskräfte auszeichnet.

- Bringen Sie Ihren Mitarbeitern Respekt entgegen. Betrachten Sie diese zuerst als Menschen und erst dann als Mitarbeiter.
- Schaffen Sie Vertrauen.
- Geben Sie Ihren Mitarbeitern einen Vertrauensvorschuss.
- Seien Sie glaubwürdig und sorgen Sie für rechtzeitige und korrekte Informationsweitergabe an Ihre Mitarbeiter.
- Behandeln Sie Ihre Mitarbeiter fair. Gehen Sie offen mit ihnen um. Seien Sie so berechenbar in Ihren Verhaltensweisen.
- Treffen Sie konkrete Vereinbarungen und halten Sie diese auch ein. Wenn dies ausnahmsweise nicht möglich sein sollte, teilen Sie das rechtzeitig und ungefragt mit.
- Beteiligen Sie Ihre Mitarbeiter soweit irgend möglich an Ihren Entscheidungen.
- Geben Sie Ihren Mitarbeitern Rückhalt, seien Sie ansprechbar für diese und geben Sie die erwartete beziehungsweise vereinbarte Unterstützung.
- Übernehmen Sie die Verantwortung für Ihr eigenes Handeln!
- Seien Sie authentisch! Handeln Sie so, wie Sie es ankündigen. Sorgen Sie für die Einheit von Denken, Sprechen und Handeln.
- Handeln Sie konsequent und ausdauernd. Setzen Sie dazu Ihre Selbstdisziplin ein.
- Nehmen Sie Ihren Mitarbeitern Angst vor Fehlern. Lassen Sie Fehler einmalig zu. Regen Sie Lösungen durch Fragen bei Ihren Mitarbeitern an und überlassen Sie diesen die Verantwortung für das Beheben der Fehler.

- Vereinbaren Sie gemeinsame Ziele und stellen Sie deren regelmäßige Überprüfung und Anpassung sicher.
- Gestalten Sie bewusst die Interaktion mit Ihren Mitarbeitern. Kommunikation ist das zentrale Instrument dazu.
- Entwickeln Sie Ihre Mitarbeiter durch Fördern und Fordern. Berücksichtigen Sie dabei deren Reifegrad und die jeweilige Situation.
- Entwickeln Sie gemeinsam mit Ihren Mitarbeitern eine Vision, für die sich Engagement und Identifikation aus Sicht der Mitarbeiter lohnen.
- Motivieren Sie Ihre Mitarbeiter und vermeiden Sie Demotivation. Schaffen Sie einen Kontext der es ihnen ermöglicht, eigenmotiviert arbeiten zu können.
- Nutzen Sie Ihre Macht zum Wohle Ihrer selbst, Ihrer Mitarbeiter und des Unternehmens.
- Nehmen Sie sich Zeit für Führung. Denn das ist eine Ihrer Hauptaufgaben als Führungskraft.
- Geben Sie zeitnah Feedback. Sorgen Sie für Lob und Kritik.
- Motivieren Sie sich selbst. Andere werden das nicht für Sie tun!
- Rufen Sie Ihre Willensstärke zu Hilfe, wenn Ihre Motivation nicht ausreicht, um eine unangenehme Aufgabe zu bewältigen.
- Fordern Sie von Ihren Mitarbeitern Unterstützung, Zusammenarbeit, Kooperation, Verbindlichkeit und Engagement ein. Klären Sie, was Ihre Mitarbeiter dafür brauchen.
- Setzen Sie Rahmen und geben Sie damit den Mitarbeitern gleichzeitig Handlungsspielräume.
- Bleiben Sie in Kontakt mit Ihren Mitarbeitern. Regelmäßige Kommunikation ist ein wesentlicher Erfolgsfaktor.
- Delegieren Sie immer Aufgabe, Kompetenz und Verantwortung.

Grenzen von Führung

Die bisherigen Ausführungen haben hoffentlich deutlich gemacht, dass Führung komplex und von vielen Rahmenbedingungen abhängig ist, die Sie als Führungskraft nicht immer bestimmen beziehungsweise beeinflussen können. Ich empfehle in meinen Führungskräfte-Coachings Demut walten zu lassen. Demut vor den Grenzen der Wirksamkeit eigener Einflussmöglichkeiten, Demut vor der eigenen Handlungs- und Sichtweise, die ja nur eine mögliche Sichtweise, aber niemals die »Wahrheit« sein kann, Demut vor den eigenen Mitarbeitern und deren Fähigkeiten und Bereitschaft, die notwendigen Aufgaben selbst zu erkennen und anzugehen. Nach meiner Erfahrung entlastet dies und führt in der Regel zu einer gesunden Distanz zu sich selbst und seinen Aufgaben, ebenfalls zum Verlust von »Omnipotenz«, die weder realisierbar, noch von den Mitarbeitern erwartet wird.

Letztendlich lautet die wesentliche Erkenntnis: Sie können nur sich selbst führen und ansonsten Rahmenbedingungen schaffen, die es den Mitarbeitern erlauben und ermöglichen, bestimmte Verhaltensweisen (häufiger) zu zeigen. Sprenger hat dazu treffend formuliert: »Führung hat vorhandene Motivationsbarrieren zu beseitigen, also Mitarbeiter weniger zu demotivieren statt mit teuren Incentives extrinsisch zu motivieren.« Und Peter F. Drucker stellt fest: »Nur wenige Menschen sehen ein, dass sie letztlich nur eine einzige Person führen können und auch müssen. Diese Person sind sie selbst.«

Zur Selbstführung gehören viele Elemente des Selbstmanagements wie: Visionen entwickeln, Rollen und Erwartungen klären, Werte und Ziele definieren und danach handeln, Pläne erstellen und selbstdiszipliniert umsetzen und vieles mehr.

Trends und deren Auswirkung auf Führungskräfte

Im Folgenden erfahren Sie die wesentlichen Trends und deren Auswirkung auf Führungskräfte.

- **Flachere Hierarchien:** Die Anzahl der zu führenden Mitarbeiter steigt – ein höherer Koordinationsaufwand ist notwendig.
- **Veränderungsgeschwindigkeit von Märkten und Mitbewerbern steigt:** Veränderungen müssen aktiv initiiert, gestaltet und gemanagt werden, Schaffen von flexiblen Organisationsstrukturen, Änderung der Einstellung ist notwendig.
- **Dezentralisierungstendenzen bei den Organisationsformen:** Machtverlust der Zentrale. Stellenreduzierungen und damit eventuell Gefährdung des eigenen Arbeitsplatzes.
- **Wertewandel** (exzellent ausgebildete und selbstbewusste Mitarbeiter wollen Herausforderung, Verantwortung und selbstständiges Arbeiten): Führungsverständnis und -aufgaben ändern sich, vom »Anweiser« zum Koordinator, Coach und Begleiter der Mitarbeiter.
- **Erwartung an Eigenverantwortung, Mobilität und Einsatzwille der Mitarbeiter steigt ständig:** Rolle verändert sich. Führungskräfte müssen dies vorleben und zulassen.
- **Beschäftigungsverhältnisse werden zunehmend flexibilisiert und zeitlich befristet, aus Angestellten werden Selbstständige:** Andere Organisationsformen sowie andere Formen der Führung und Zusammenarbeit sind erforderlich.
- **Zunehmende Globalisierung:** Umgang mit unterschiedlichen Kulturen. Interkulturelle und gegebenenfalls virtuelle Teams leiten, Sprachprobleme und -barrieren lösen.
- **Wissensexplosion, Wissen als Wettbewerbsfaktor:** Führungskräfte verlieren an Macht, müssen ihren Mitarbeitern mehr ver-

trauen. Rolle wandelt sich mehr zum Koordinator und Coach der Mitarbeiter.

● **Sinkende Loyalität der Mitarbeiter zum Unternehmen:** Stärkere Berücksichtigung individueller Interessen. Bindung über persönliche Beziehung notwendig. Dem Commitment zum Team kommt eine höhere Bedeutung zu.

● **Talentknappheit:** Mitarbeiterorientierung erhöhen. Langfristige Personalentwicklung betreiben. Attraktiver Chef werden beziehungsweise sein.

● **Kundenorientierung steigt:** Auch Führungskräfte müssen sich verstärkt kundenorientiert verhalten.

● **Konzentration von Unternehmen auf ihr Kerngeschäft:** Bedrohung des eigenen Arbeitsplatzes, höhere Flexibilität und Mobilität erforderlich.

● **Weiterbildung am Arbeitsplatz:** Weiterbildung macht vor Führungskräften nicht mehr Halt. Notwendigkeit des lebenslangen Lernens steigt.

● **Telearbeit nimmt zu:** Geringerer persönlicher Kontakt zu den Mitarbeitern. Virtuelle Teams zu führen kann Macht- und Kontrollverlust bedeuten. Mehr Vertrauen ist notwendig.

● **Fusionen:** Führungskräfte als aktive Initiatoren und Gestalter von Veränderungsprozessen. Gefährdung der eigenen Position/Existenz durch Doppelbesetzung beziehungsweise Abbau von Hierarchie.

Möglicherweise haben Sie nun den Eindruck, Sie können dies alles nicht in Ihrem stressigen Führungsalltag berücksichtigen. Das wäre ganz sicher eine Überforderung! Doch immer wieder – Schritt für Schritt – sich mit wichtigen Führungsthemen auseinander zu setzen, in kleinen Schritten das eigene Verhalten sich ändernden Umweltbedingungen anpassen, das ist gefordert und wird dementsprechend von Ihnen als Führungskraft erwartet. Und es ist zu leisten!

 Die Zusammenfassung dieses Kapitels finden Sie als Mindmap im Internet unter www.rolandjaeger.de/service/downloads.

Die Führungskraft: Rolle, Aufgaben, Anforderungen und Qualifizierung

Wie aus dem vorangegangenen Kapitel ersichtlich, wandelt sich die Rolle von Führungskräften und wird sich sicher noch weiter verändern. Daraus ergeben sich teilweise andere Aufgaben und Anforderungen. Die Weiterqualifizierung von Führungskräften bekommt damit eine stärkere Bedeutung. Die Funktion von Führung besteht heute nicht nur darin, Arbeit vorzubereiten, Aufgaben zu verteilen und das Tagesgeschäft zu koordinieren. Vielmehr müssen Führende Rahmenbedingungen schaffen, die es Mitarbeitern ermöglichen, ihre Aufgaben selbstständig und effizient zu erfüllen. In diesem Zusammenhang behalten aber die wichtigsten allgemeinen Führungsfunktionen weiterhin Gültigkeit: Lokomotion und Kohäsion.

Lokomotion: Dazu zählen alle Faktoren, die der Zielerreichung dienen, also

- Ziele entwickeln und vorgeben,
- Aufträgen vorbereiten und durchführen,
- die dafür wichtigen Rollen definieren und zuordnen,
- Tätigkeiten der Beteiligten koordinieren,
- Ergebnisse prüfen und auswerten und das Feedback über Erfolg beziehungsweise Misserfolg einholen (»Kontrolle«),
- Feedback für eventuelle Korrekturen und die optimale Weiterführung der Maßnahmen nutzen.

Kohäsion: Dazu zählen alle Faktoren, die dem Zusammenhalt des führenden Systems dienen.

- Gruppenklima (Qualität der Beziehung) und Sinngestaltung sicherstellen.
- Motivation der Beteiligten fördern: die einzelnen Beiträge konstruktiv bewerten; Kommunikation kongruent und transparent führen; Selbstorganisation und Selbstbestimmung ermöglichen.
- Optimale Entwicklungsmöglichkeiten schaffen.

Damit eng im Zusammenhang stehen die unterschiedlichen Führungsstile (s. S. 19ff.). Welche Auswirkungen das im Einzelnen auf Führungskräfte hat, wird nachfolgend im Detail beschrieben.

Die Rolle als Führungskraft

Eine Rolle ist ein Bündel von Verhaltenserwartungen, das an eine Person herangetragen wird. Diese Rolle ist zusammen mit den Eigenschaften der Person und ihrem gezeigten Verhalten zu betrachten. Je nach Situation, Persönlichkeit und eigenem Gestaltungsvermögen nimmt jeder Mensch Einfluss auf seine Rolle(n). Im beruflichen Umfeld lassen sich beispielsweise folgende Unterscheidungen hinsichtlich Rolle, Person, Stelle und Organisation festhalten:

Merkmal	Definition
Rolle	Ein Bündel von Verhaltenserwartungen.
Person	Der einzelne Mensch mit all seinen bewussten und unbewussten Erfahrungen, Fähigkeiten und Affekten.
Stelle	Die Funktion innerhalb einer Organisation und die damit verbundenen Aufgaben, Kompetenzen und die übertragene Verantwortung.
Organisation	Die Festlegung von Regelungen, wie Menschen, Informationen und Sachmittel zusammenwirken, um bestimmte Aufgaben zu erfüllen.

Wir sehen, dass eine Person in einer Organisation oft mehrere Rollen, aber immer nur eine Stelle einnimmt. Im beruflichen Umfeld haben Führungskräfte immer verschiedenste Rollen zu erfüllen.

Klarheit über die eigenen Rollen als Führungskraft zu gewinnen ist bedeutsam für angemessene Verhaltensweisen. Aus verschiedenen Rollen ergeben sich unterschiedliche Erwartungen von der Führungskraft selbst, aber auch seitens der Mitarbeiter an die Führungskraft. Damit führen Rollenklarheit und adäquates Rollenverhalten zu eindeutigen Arbeitsbeziehungen und effizientem Zeit- und Energieeinsatz.

Die Rollen einer Führungskraft wechseln bisweilen sehr schnell, aber immer auch wiederkehrend. Schwierig für die Führungskraft wird es in Situationen, in denen mehrere Mitarbeiter gleichzeitig unterschiedliche, eventuell sogar sich widersprechende Erwartungen haben. Häufig kann man dies in Meetings erleben.

Übung: Rollen in Führungssituationen

Welche Rollen haben Sie bisher in Führungssituationen erlebt?

Welche davon sind Ihnen vertraut beziehungsweise unvertraut?

Welche Rollen empfinden Sie als angenehm beziehungsweise unangenehm?

Welche dieser Rollen erscheinen Ihnen hilfreich beziehungsweise nicht hilfreich für Ihre Führungstätigkeit?

Neben den veränderten Rollenansprüchen an Führungskräfte kommt in den letzten Jahren eine starke Änderung der Aufgaben, Anforderungen und der sich wandelnden Werte hinzu. Dies hat viele Führungskräfte stark verunsichert. Auf Grund sich verändernder Organisationsstrukturen (flachere Hierarchien und Dezentralisierung) verlieren Führungskräfte beispielsweise immer mehr an Macht. Die Rolle der Führungskraft wandelt sich vom Vorgesetzten zum Coach der Mitarbeiter sowie vom Initiator zum Begleiter von Veränderungsprozessen.

»Der neue Führungstyp im anbrechenden Zeitalter der partizipatorischen Demokratie ist ein Möglichmacher, Entscheidungs-Erleichterer, kein Befehlsgeber.« *John Naisbitt*

Der Überblick möglicher Rollen von Führungskräften soll Ihnen helfen, die verschiedenen Rollen kennen zu lernen und die sich für die Praxis ergebenden Anforderungen zu verdeutlichen.

Rollen	Kurzbeschreibungen
Advocatus Diaboli	Kritiker, Rollenpessimist, hinterfragt alles, symbolisiert die oft nicht ausgesprochenen Schattenseiten.
Berater und Coach	Unterstützt bei inhaltlichen Fragen auf der Suche nach Handlungsalternativen und Entscheidungen.
Entscheider	Legt Ressourcen, Fähigkeiten und Kompetenzen fest.
Experte	Fachmann für bestimmte (fachliche) Themen und Lösungen.
Initiator	Entwickelt neue Ideen, unterstützt neue Sichtweisen und sorgt für den Start auf diesen Wegen.
Koordinator	Die Mitarbeiter als Experten anleiten und koordinieren, ohne selbst in die fachlichen Details zu gehen.
Leitwolf	Vorbild sein, neue Wege aufzeigen.
Moderator	Moderiert Problemlösungs- und Entscheidungsprozesse sowie Konflikte.
Pate	Helfer bei der Heranführung an neue Aufgaben und Funktionen.
Personalentwickler	Auswahl, Bewertung und (langfristige) Entwicklung von Mitarbeitern.
Prozessbegleiter	Experte für Methoden und Techniken bei Veränderungsprozessen.
Sparringspartner	Austausch von Mitarbeiterideen und -argumenten, Praxistest für den Mitarbeiter.
Sponsor	Anerkannter Förderer von Projekten und anderen beruflichen Vorhaben.
Teamentwickler	Er verbessert die Zusammenarbeit im Team, erkennt Konflikte und klärt sie, befähigt das Team, Ziele zu verwirklichen.
Trainer	Vermittelt Wissen, Fertigkeiten und Fähigkeiten und hilft beim Transfer in die Praxis.
Verantwortlicher	Entscheidungen, Ergebnisse und Zielerreichung des Teams verantworten.

Nicht immer sind die Rollen eindeutig zu identifizieren. Häufig vermischen sie sich und nicht selten werden mehrere Rollen gleichzeitig gefordert. Eine gute Führungskraft sollte fähig sein, sich der einzelnen Rollen bewusst zu sein und die dafür notwendigen Fähigkeiten situativ richtig einzusetzen.

Aufgaben einer Führungskraft

Die wichtigsten Aufgaben einer Führungskraft zeigt die nachfolgende Abbildung.

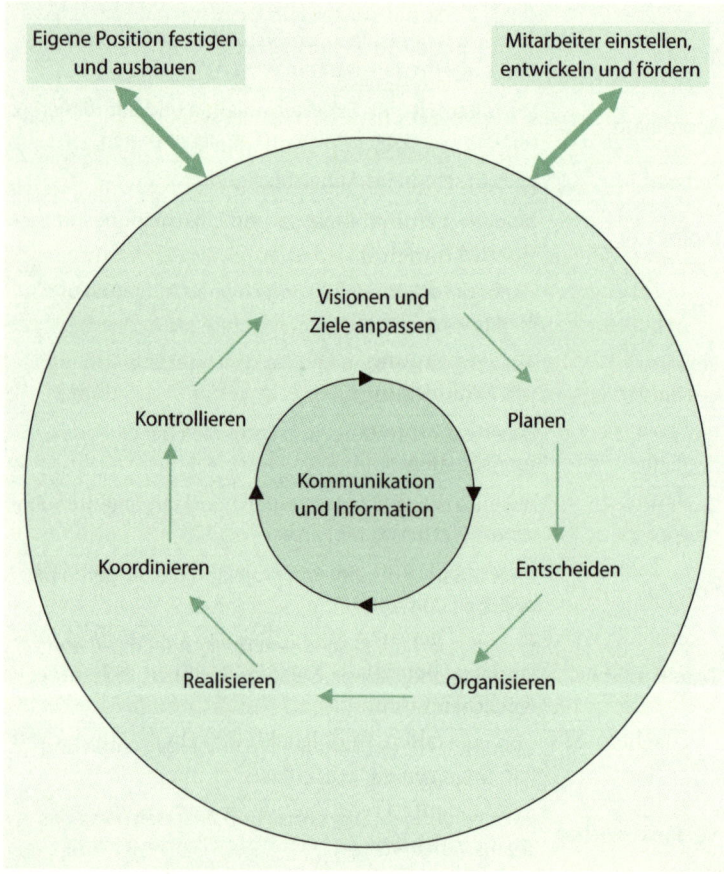

Die Schritte Planen, Entscheiden und Organisation fallen zeitlich häufig zusammen (beispielsweise in Besprechungen). Sie können sich auch in Reihenfolge ändern (beispielsweise bei der Projektarbeit). Diese Aufgaben lassen sich natürlich weiter detaillieren:

- **Visionen und Ziele herausbilden und anpassen.** Das bedeutet: Initiative ergreifen; Ideen entwickeln; Vision, Leitbild und Strategie definieren; klare, messbare Ziele formulieren und vereinbaren; Ergebnis- und Zielerreichung feststellen und beurteilen sowie Vision, Leitbild, Strategie und Ziele anpassen.
- **Planen.** Basierend auf der Vision und den Zielen werden geeignete Jahres- und Tagespläne entwickelt; Projektpläne werden ausgearbeitet sowie Personal- und Stellenpläne erstellt.
- **Entscheiden.** Dazu müssen Informationen gesammelt und beurteilt, Lösungsalternativen entwickelt und bewertet, Lösungen ausgewählt und die Vorgehensweisen fixiert werden.
- **Organisieren.** Um Organisationen aufbauen und sicherstellen zu können, müssen mögliche Vorgehensweisen aufgezeigt werden; Mitarbeitergespräche geführt werden, um Aufgaben entsprechend delegieren zu können. Das bedeutet auch, eventuell Veränderungsprojekte initiieren; entsprechende Teams zusammenstellen und zu deren Entwicklung geeignete Maßnahmen vorsehen; Informationsversorgung und Koordination sicherstellen; Steuerungs- und Veränderungsprozesse gestalten; Aufbau- und Prozessorganisation optimieren.
- **Realisieren.** Die Aufgaben sollten so delegiert werden, dass sie dem Leistungsvermögen der Mitarbeiter oder des Teams entsprechen; Mitarbeiter müssen motiviert werden, indem geeignete Rahmenbedingungen und Handlungsspielräume geschaffen werden; aktuelle Probleme sollten angesprochen und gezielt bearbeitet werden. Dazu gehören auch: die Lösungsfindung anregen und begleiten; gegebenenfalls Probleme selbst lösen; (kreative) Ideen entwickeln; Präsentationen durchführen; Mitarbeiter coachen; Fürsorge gestalten und Rückhalt geben; Hindernisse entfernen; Entscheidungen treffen; Konflikte managen.
- **Koordinieren.** Das bedeutet: regelmäßige Besprechungen; Mitarbeitergespräche durchführen; Besprechungen moderieren; Ko-

operation initiieren und sicherstellen; Konflikte managen; Mitarbeiter motivieren; Überblick verschaffen; Lieferung von Ergebnissen einfordern sowie Erfolge aufzeigen.

- **Kontrollieren.** Selbstkontrollen der Mitarbeiter einfordern und unterstützen; Arbeitsfortschritt kontrollieren; (Zwischen-)Ergebnisse der delegierten Aufgaben kontrollieren und bewerten; Mitarbeiter loben und anerkennen; konstruktive Kritik üben; Erreichung gesteckter Ziele feststellen und würdigen; Ergebnis- und Zielorientierung bei den Mitarbeitern fördern.

- **Kommunizieren und informieren.** Damit dieser Punkt klappt, sollten regelmäßig Besprechungen und Mitarbeitergespräche stattfinden; konstruktive Rückmeldungen, also Feedback erfolgen; die Führungskraft sollte auch für persönliche Probleme ansprechbar sein; Besprechungen moderieren; zeitnahe Information der Mitarbeiter über Neuigkeiten, Veränderungen und Erfolge garantieren; Präsentationen durchführen.

- **Mitarbeiter einstellen, entwickeln und fördern.** Anforderungen definieren und Anforderungsprofil erstellen; ständig aktualisieren; Vorstellungsgespräche führen; neue Mitarbeiter auswählen; Einarbeitung veranlassen, unterstützen und teilweise selbst durchführen; Ziele vereinbaren (Jahreszielgespräch vorbereiten, durchführen und nachbereiten); Leistungen beurteilen; Kritik- und Gehaltsgespräche vorbereiten, durchführen und nachbereiten; Mitarbeiterpotenziale feststellen; Mitarbeitern geeignete Entwicklungsmöglichkeiten einräumen, zum Beispiel durch Projektarbeit (Führen auf Zeit); Trainings ermöglichen und Transfer durch konkrete Vereinbarungen sicherstellen; die Entwicklung durch Coachinggespräche begleiten; Teamentwicklung fördern und geeignete Maßnahmen einleiten; Unterstützung und Hilfe geben; selbstständiges Arbeiten unterstützen und einfordern; Mitarbeiter aktiv in weiterführende Positionen befördern; sich von ungeeigneten Mitarbeitern trennen.

- **Eigene Position festigen und ausbauen.** Das bedeutet: Sich selbst managen und führen; sich motivieren; sich durch einen externen Berater coachen lassen; persönliche Entwicklungs- und Karriereziele verfolgen; Weiterbildungsmaßnahmen wahrnehmen; eigene Erfolge darstellen; Arbeitssucht vorbeugen; Umgang mit

Stress verbessern; Selbstdisziplin erhöhen; Zeitmanagement und persönliche Arbeitstechniken optimieren; persönliche Lernprozesse gestalten; Verhandlungen führen; Konsequenzmanagement betreiben; Beziehungen aufbauen und pflegen; Macht im Sinne des Unternehmens und der Mitarbeiter ausüben.

Die zur Umsetzung dieser Aufgaben notwendigen Instrumente finden Sie ab Seite 84.

Anforderungen an Führungskräfte

Aus den beschriebenen Aufgaben ergeben sich konkrete fachliche und persönliche Anforderungen an Führungskräfte. Zunächst geht es um die Kompetenzbereiche. Sinnvoll ist folgende Aufteilung:

- Fachkompetenz: Die Führungskraft beherrscht fachlich ihr Aufgabengebiet und verfügt über die notwendigen Kenntnisse und Erfahrungen.
- Methodenkompetenz: Sie wendet verschiedene methodische Ansätze situations- und personengerecht an.
- Soziale Kompetenz: Sie arbeitet mit anderen Menschen konstruktiv zusammen und ist in der Lage, Aufgaben gemeinsam anzugehen und zu bewältigen.
- Persönliche Kompetenz: Die Führungskraft verfügt über eine innere Unabhängigkeit, kann sich selbst führen, entwickelt sich weiter und setzt dazu zielgerichtet geeignete Techniken ein.

Die Merkmale der Kompetenzbereiche lassen sich wie folgt aufschlüsseln.

- Fachkompetenz: Generalisten- und Managementwissen (fachliche Breite), Expertenwissen und spezielle Fertigkeiten (fachliche Tiefe), Fremdsprachenkenntnisse, Auslandserfahrung, Produkt-/Branchen-/Marktkenntnisse, Kenntnisse über betriebswirtschaftliche Zusammenhänge, kompetenter Umgang mit Informations- und Kommunikationsmedien, Kundenorientierung.

- **Methodenkompetenz:** Zielformulierungstechnik, Planungsmethoden, systematische Problemlösung, Organisationstechniken, Delegieren, persönliche Arbeitstechniken, Verfahren der Projektarbeit, Methoden der Wissenserhebung, -dokumentation und -nutzung, Kreativitätstechniken, Besprechungs- und Moderationstechniken, Beurteilungsverfahren, Methoden der Gestaltung und Steuerung von organisatorischen Veränderungsprozessen, Informations- und Präsentationstechnik, Gesprächsführungs- und Kommunikationsmethoden, Verhandlungsgeschick und Konfliktlösungsstrategien, Fragetechnik.

- **Sozialkompetenz:** Kontaktfreude, Motivationsfähigkeit, Überzeugungskraft und Ausstrahlung, Durchsetzungsvermögen, Verständnisbereitschaft, glaubwürdig, gerecht, fair, Offenheit und Transparenz, Sensibilität, vertrauenswürdig und respektvoll, authentisch, verlässlich, Kommunikations- und Kooperationsvermögen, Interaktions-, Koordinations- und Integrationsfähigkeit, Hilfsbereitschaft, Kompromissfähigkeit und Toleranz, Konfliktlösungsbereitschaft und -fähigkeit, sicheres Auftreten, soziale Akzeptanz, Fähigkeit zur Selbstdarstellung, Zurückstellen eigener Interessen, Verhandlungsgeschick, Team-/Beziehungsfähigkeit, Vertrauensbereitschaft, Fehlertoleranz, Empathie, Stärkung der Eigenverantwortung der Mitarbeiter, Teamförderung.

- **Persönliche Kompetenz:** Selbstvertrauen und -bewusstsein, Selbstreflexion, Selbstkontrolle und -disziplin, Zielorientierung, Mut zur Unbequemlichkeit und Risikobereitschaft, Entscheidungsfähigkeit, Gestaltungswille, Handlungsorientierung, Selbstverantwortung im Handeln, zielorientiertes Handeln, geistige und fachliche Flexibilität, Konzentrationsfähigkeit, Abstraktionsvermögen, systemisches, visionäres und positives Denken, analytisches Denkvermögen, Kreativität, Lernbereitschaft, Transferfähigkeit, Gestaltung von persönlichen Veränderungsprozessen, Zeit und Aufgaben managen, Work-Life-Balance, wertorientiertes Handeln, Arbeitsfreude und Leistungsbereitschaft, Selbstmotivation, emotionale Stabilität und Belastbarkeit, Konfliktbereitschaft, Kritikfähigkeit und Frustrationstoleranz, Ambiguitätstoleranz, Sensibilität für eigene Bedürfnisse.

Eine reine Aufzählung reicht natürlich nicht aus, um damit in der Praxis arbeiten zu können. Auf Seite 76ff. finden Sie daher in Bezug auf das Anforderungsprofil konkrete Verhaltensanweisungen.

In Verbindung mit den zu erfüllenden Aufgaben lassen sich diese Kompetenzbereiche zuordnen. Je mehr Punkte vergeben werden, desto mehr erfordert die Aufgabe die entsprechenden Kompetenzen.

Führungsaufgaben	Fach	Metho-den	Sozial	Persön-lich
Visionen und Ziele heraus-bilden und anpassen	●●●	●●	●	●
Planen	●●	●●●	●	●
Entscheiden	●	●●	●●	●●
Organisation aufbauen und sicherstellen	●	●●●	●●	●
Realisieren	●	●●	●●●	●●●
Koordinieren	●	●●	●●●	●●
Kontrollieren	●	●	●●	●●
Kommunikation und Infor-mation durchführen	●	●●	●●●	●●
Mitarbeiter einstellen, ent-wickeln und fördern	●	●	●●●	●●●

Die ideale Führungskraft – Mythos und Wirklichkeit

»Unsere tiefste Angst ist nicht, dass wir unzulänglich sind. Unsere tiefste Angst ist, dass wir unermesslich machtvoll sind. Es ist unser Licht, das wir fürchten, nicht unsere Dunkelheit. Wir fragen uns: »Wer bin ich denn ei-gentlich, dass ich leuchtend, hinreißend, begnadet und fantastisch sein darf.« Wer bist du denn, es nicht zu sein? Wenn du dich klein machst, dient es der Welt nicht. Und wenn wir unser eigenes Licht erstrahlen lassen, ge-ben wir unbewusst anderen Menschen die Erlaubnis, dasselbe zu tun. Wenn wir uns von unserer eigenen Angst befreit haben, wird unsere Gegenwart ohne unser Zutun andere befreien.«
Antrittsrede *Nelson Mandela*, 1994

Die vielen Merkmale der Kompetenzbereiche für Führungskräfte lassen schnell den Schluss oder die Befürchtung zu, dass ein einzelner Mensch das alles nie erfüllen kann. Und genau darin besteht auch das Problem, denn die Anforderungen an Führungskräfte sind in den letzten Jahren tatsächlich dramatisch angestiegen.

Der *Spiegel* (28/2002) veröffentlichte eine von der Personalberatung Kienbaum durch Befragung ermittelte Liste von persönlichen Eigenschaften, die für künftige Führungskräfte wichtig sind. Dazu gehören: Eigenmotivation, Teamfähigkeit, Lernbereitschaft, Kommunikationsstärke, Zielorientierung, Belastbarkeit, Kontaktfähigkeit, Flexibilität, Selbstkritik, Konfliktfähigkeit, Führungspotenzial, analytische Fähigkeiten, Entscheidungsfreude, Durchsetzungsvermögen, Urteilsvermögen, Internationalität, Karriereorientierung und Risikobereitschaft.

 Auch von zukünftigen Führungskräften wird also sehr viel verlangt. Dennoch ist es unrealistisch, in allen Anforderungsmerkmalen immer absolut Spitze zu sein. Das ist nicht nur unrealistisch sondern auch schlichtweg unmöglich.

Doch wie das Problem der Überforderung lösen? – Zwei Wege sind denkbar: Der erste Weg ist ein pragmatischer Ansatz, für den sich Fredmund Malik in seinem Buch »Führen, Leisten, Leben« (2001) stark macht. Er geht davon aus, dass es eine so umfangreich beschriebene Führungskraft gar nicht gibt, und plädiert dafür, eher von »gewöhnlichen Menschen« auszugehen. Diese sollten wiederum nach deren Wirkung und erzielten Erfolgen beurteilt werden. Und wirksame Führungskräfte sind von ihrer Persönlichkeit grundverschieden und dennoch erfolgreich. Der zweite Weg geht davon aus, aus den Anforderungsmerkmalen zunächst nur einige (fünf bis sieben je Kompetenzbereich) auszuwählen. Diese sind abhängig von: Branche, Marktverhältnissen, Marktposition, Hierarchieebene, Anzahl der unterstellten Mitarbeiter, Unternehmensstrategie, -struktur und -kultur sowie der aktuellen Unternehmenssituation.

Zusammenfassend lässt sich konstatieren, dass es um die Beantwortung folgender Fragen geht:

- Wie sollen Menschen sein, um für Führungsaufgaben in Frage zu kommen?
- Wie sollen Menschen handeln, um für Führungsaufgaben in Frage zu kommen?

Zu deren Beantwortung lassen sich Anforderungsprofile nutzen, die *beobachtbares Verhalten* beschreiben und auf einer Skala differenziert werden. Dazu mehr auf S. 76ff.. Oder es bietet sich an, sehr genau die Ergebnisse zu betrachten, die erfolgreiche Führungskräfte erzielen, und daraus Rückschlüsse auf deren Wirksamkeit abzuleiten.

Qualifizierung von Führungskräften

Der Qualifizierung von Führungskräften kommt angesichts der aufgezeigten Anforderungen und dem Veränderungstempo eine immer größere Bedeutung zu. Lebenslanges Lernen wird immer stärker zwingende Voraussetzung dafür, beruflich zu überleben!

> »Bewahre mich vor dem naiven Glauben, es müsste im Leben alles glatt gehen. Schenke mir die nüchterne Erkenntnis, dass Schwierigkeiten, Niederlagen, Misserfolge, Rückschläge eine selbstverständliche Zugabe zum Leben sind, durch die wir wachsen und reifen.« *Antoine de Saint-Exupery*

Grundsätzlich sollte die Weiterqualifizierung von Führungskräften eine Aufgabe im Rahmen der Personalentwicklung sein. Diese Aufgaben sind allerdings zunehmend durch die Führungskräfte selbst für die ihnen unterstellten Mitarbeiter zu leisten.

Qualifizierungsmöglichkeiten und -maßnahmen

Zur Qualifizierung von Führungskräften und Mitarbeitern bieten sich folgende Maßnahmen an.

- Zum Einstieg: Praktika, Trainee-Programme, Einführung neuer Mitarbeiter (zum Beispiel durch Patenschaften).

- **Am Arbeitsplatz:** Vergrößerung des Aufgabenspektrums, Übertragung bedeutungsvollerer Aufgaben, Wechsel des Aufgabengebietes, Auslandseinsatz, Zielvereinbarungen, betriebliche, aufgabenbezogene Arbeitsgruppen, unterstützende Gespräche, Coaching durch die Führungskraft oder durch einen externen Coach, Fördergespräche, Stellvertretung, Selbststudium.

- **Im Arbeitsumfeld:** Betriebliche Lern- und Problemlösungsgruppen, Qualitätszirkel, Moderationen und Präsentationen durchführen, Projektarbeit.

- **Außer Haus:** Vorträge, Messen, Konferenzen und Kongresse, Selbsterfahrungsgruppen, Therapie.

- **Im Arbeitsumfeld oder außer Haus:** Seminare, Weiterbildungsprogramme, Workshops, Assessment Center, Förderkreise (zum Beispiel Führungsnachwuchskräfteprogramm), Erfahrungsaustauschgruppen.

Abhängig von der Aufgabenstellung, dem Mitarbeiter, der aktuellen beruflichen Situation, den Lernzielen, den verfügbaren Ressourcen (Zeit, Geld) und den betrieblichen Möglichkeiten ist es Aufgabe der Führungskraft, zusammen mit dem Mitarbeiter hieraus einen individuellen Entwicklungsplan zu gestalten.

> »Natürlich fällt der Apfel von selbst, wenn er reif ist. Doch hat der Gärtner drum herum viel Arbeit.« *Bernd Schmid*

Wie ein solcher Entwicklungsplan aussehen kann, können Sie für sich selbst auf Seite 82 definieren.

 Die Zusammenfassung dieses Kapitels finden Sie als Mindmap unter www.rolandjaeger.de/service/downloads

Standortbestimmung: Definition der nächsten Schritte

Ohne den Ausgangspunkt zu kennen, werden heute professionelle Veränderungsvorhaben nicht mehr gestartet. Das gilt in der Strategie- und Projektarbeit, häufig auch im persönlichen Bereich. Zur Standortbestimmung finden Sie nachfolgend mehrere Instrumente:

● **Allgemeine Standortbestimmung**
Werdegang und bedeutende Ereignisse,
Erfolgs- und Misserfolgsbilanz,
Stärken- und Schwächenbilanz,
Freude- und Schmerzbilanz,
Grundtendenzen des eigenen Verhaltens.

● **Sie als Führungskraft**
Beruflicher Werdegang und bedeutende Ereignisse,
Test Ihrer Führungsqualitäten,
Anforderungsprofil.

Sie sollten sich für dieses Kapitel ausreichend Zeit und Ruhe nehmen. Notieren Sie dann gemäß den Anweisungen die entsprechenden Informationen am besten direkt im Buch. Daran anschließend finden Sie Anregung und Gelegenheit, über die konkrete Umsetzung nachzudenken. Als Instrumente finden Sie vor:

● **Die Zukunft gestalten**
Lernziele definieren,
zeitlich orientierter Entwicklungsplan.

Ziel ist es, einen persönlichen Entwicklungsplan zu erstellen um Sie zu einer erfolgreichen Führungskraft zu machen. Dieser soll Ihnen einerseits dazu dienen, Ihre eigenen Veränderungen gezielt planen und umsetzen zu können, andererseits Ihnen eine Idee davon geben, wie Sie dies im Rahmen der Personalentwicklung mit Ihren Mitarbeitern umsetzen können.

Allgemeine Standortbestimmung

Mit den nachfolgenden Aufgaben können Sie zunächst generelle Themen und Fragestellungen erarbeiten. Diese stellen erfahrungsgemäß eine gute Ausgangsbasis für die im Anschluss folgenden, für das Thema Führung spezifischen Aufgabenstellungen dar. Nehmen Sie sich dafür ausreichend Zeit und Ruhe.

»Wege entstehen dadurch, dass wir sie gehen.«
Franz Kafka

Persönlicher Werdegang und bedeutende Ereignisse

Machen Sie sich die Ursprünge Ihres heutigen Daseins, die wichtigen Erlebnisse und Erfahrungen in der folgenden Übung bewusst:

Übung:
Persönlicher Werdegang und bedeutende Ereignisse

Zeitachse: Zeichnen Sie am linken Rand eines Blattes (mindestens A3) vertikal eine Zeitachse ein und teilen Sie diese in Siebenjahresschritte – von Ihrem Geburtsjahr bis heute. Legen Sie sich dann eine Tabelle nach dem folgenden Muster an:

Jahre	Orte	Personen	Ereignisse/ Aktivitäten	Gefühle	Lernen

Gehen Sie nun Zeile für Zeile durch und überlegen sich Antworten auf die folgenden Fragen.

Orte: Wo habe ich in jenen Lebensjahren gelebt? In welchem Dorf, welcher Stadt? Kann ich mich an irgendetwas erinnern? – Notieren Sie diese Orte, Plätze, Umgebungen in der ersten Spalte. Der geografische Ort ist oft ein guter Ausgangspunkt, Ihr Gedächtnis anzukurbeln.

Personen: Kommen Ihnen Personen in den Sinn, die in jenen Jahren für Sie wichtig waren – in Zusammenhang mit dem Ort? – In den ersten Jahren Ihres Lebens werden diese Personen wohl Eltern, Geschwister und Großeltern sein. Wenn Sie sich Zeile um Zeile durch Ihr Leben arbeiten, werden Sie merken, dass Personen aus dem privaten und aus dem beruflichen Bereich auftauchen: Freunde, Lehrer, Lebenspartner, Kinder, Vorgesetzte, Mitarbeiter; Geschäftspartner, Auftraggeber. Führen Sie diese getrennt oder verschiedenfarbig in der jeweiligen Zeile auf!

Ereignisse, Aktivitäten: Was haben Sie in jenen Jahren getan? – Auf der ersten Zeile taucht vielleicht der Kindergarten auf, in späteren notieren Sie, was Sie in der Ausbildung oder im Beruf getan haben. Sie waren aber ebenso privat aktiv – auch das sollen Sie festhalten. Vielleicht haben Sie wichtige Reisen gemacht. Notieren Sie in Stichworten, was Ihnen zu den einzelnen Jahresabschnitten einfällt, und trennen Sie das Berufliche vom Privaten durch unterschiedliche Farben.

Gefühle: Welche Gefühle waren mit Orten, Personen, Ereignissen in den jeweiligen Perioden verbunden? – Zermartern Sie sich nicht den Kopf. Wenn Sie sich aber spontan an Freude, Liebe, Langeweile, Wut, Begeisterung, Angst, Frustration, Hass im Zusammenhang mit Orten, Personen und Ereignissen erinnern – notieren Sie es!

Lernen: Was habe ich gelernt? – Rufen Sie sich Orte, Ereignisse, Gefühle ins Gedächtnis und überlegen Sie, was Sie in dem jeweiligen Lebensabschnitt gelernt haben. Gehen Sie die Siebenjahresabschnitte durch und lassen Sie sich überraschen, was in der Spalte »Lernen« alles zum Vorschein kommt!

Muster: Welche (typischen) Muster können Sie erkennen? – Unter Muster ist ein wiederkehrendes Verhalten oder die Abfolge von ähnlichen Ereignissen zu verstehen. Prüfen Sie, ob und wenn ja, welche typischen Muster Sie in Ihrem Leben erkennen. In der Regel sind Menschen sich dieser nicht bewusst. Möglicherweise wiederholen sich bestimmte Ereignisse oder Aktivitäten in verschiedenen Lebensphasen. Oder es drängen sich Ihnen Fragen nach Reaktionen, Handlungsweisen, Gefühlen auf.
(Vgl. Baumgartner: Lebensunternehmer (Jg. 1997)

Erfolgs- und Misserfolgsbilanz

Werden Sie sich Ihrer bisherigen Erfolge, aber auch Ihrer Misserfolge bewusst. Berücksichtigen Sie dabei auch »scheinbare« Selbstverständlichkeiten. Werden Sie sensibel, was alles ein Erfolg sein kann und woran Sie erkennen, dass es ein Erfolg war. Prüfen Sie, wofür Misserfolge »gut« gewesen sein können, also welche positive Absicht oder Folge sich dahinter verbirgt und was Sie daraus gelernt haben. Bekanntermaßen lässt sich aus Fehlern und Misserfolgen viel lernen. Fragen Sie sich auch, welche Ursachen zu diesen Erfolgen und Misserfolgen geführt haben. Was lässt sich, bezogen auf Ihre Kompetenzbereiche, daraus erkennen?

Stärken- und Schwächenbilanz

»Gib mir die Gelassenheit, Dinge hinzunehmen, die ich nicht ändern kann; gib mir den Mut, Dinge zu ändern, die ich ändern kann. Und gib mir die Weisheit, das eine vom anderen zu unterscheiden.«
Friedrich Christoph Oettinger

Ausgehend von Ihrem bisherigen Lebensweg ermitteln Sie nun Ihre Stärken und Schwächen. Beginnen Sie mit einer unstrukturierten Sammlung. Sortieren Sie diese anschließend nach den Kompetenzbereichen und nach den Kategorien Wissen, Können, Wollen, Dürfen. Prüfen Sie, welche Ursachen sich hinter den Stärken und Schwächen verbergen. Ziel sollte sein, die Stärken auszubauen und die Schwächen besser anzunehmen und möglichst abzubauen.

Freude- und Schmerzbilanz

Werden Sie sich darüber klar, was Ihnen Spaß und Freude bereitet und wann Sie eher frustriert sind.

- Sammeln Sie zunächst Ihre einzelnen Erfahrungen.
- Versuchen Sie in einem zweiten Schritt, diese zu sortieren.

- Prüfen Sie, ob es bestimmte Kompetenzbereiche gibt, in denen Sie mehr Freude erleben, damit Sie diese zukünftig besser nutzen können.
- Versuchen Sie auch hier, die Ursachen dafür zu finden.

Grundtendenzen menschlichen Verhaltens

Nach diesem Rückblick auf Ihr bisheriges Leben sollten Sie nun die Grundtendenzen Ihres Verhaltens herausfinden. Der Psychoanalytiker Fritz Riemann hat hierzu ein Modell mit vier Grundrichtungen menschlichen Verhaltens entwickelt: Nähe – Distanz, Dauer – Wechsel. Grafisch lassen sich diese als Endpunkte in einem Koordinatenkreuz wie folgt darstellen.

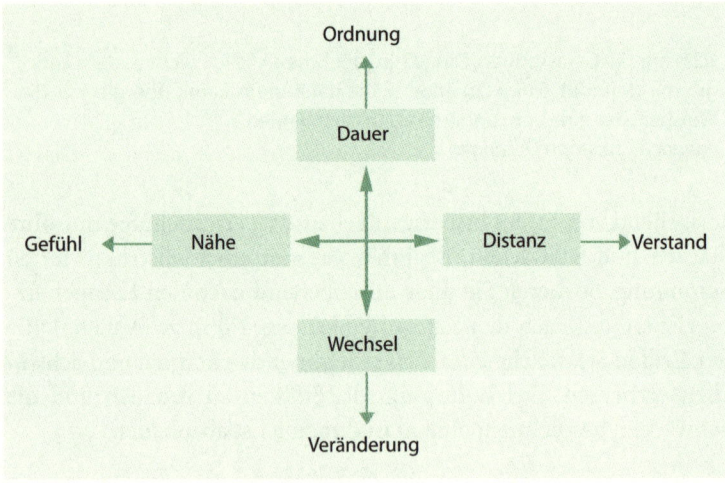

Innerhalb dieses Koordinatensystems lassen sich nun beliebig viele Positionen bestimmen. Jeder Mensch hat einen »bevorzugten« Platz innerhalb dieses Systems, wo er sich am wohlsten fühlt. Dieses Modell dient sowohl zur Typisierung für Sie selbst, als auch zur besseren Einordnung Ihrer Mitarbeiter. Ich beschreibe zunächst zur Übersicht die vier Felder und anschließend erhalten Sie Aussagen, die Ihnen helfen sollen, Ihre »Position« besser bestimmen zu können.

Übersicht der vier Grundtendenzen

Dauer (Ordnung)	Wechsel (Veränderung)
Stärken: Ausdauer, Ordnungssinn, Stabilität, Pflichtgefühl, Genauigkeit.	**Stärken:** Spontaneität, Risikofreude, aufgeschlossen für Neues, Unternehmungslust, Kontaktfreude.
Schwächen: Übervorsichtig, zwanghaft, autoritär, rigide, uneinsichtig, Erstarrung, machtorientiert, Sturheit, Kontrollsucht.	**Schwächen:** Unzuverlässig, selbstbezogen, wenig Ausdauer, leicht kränkbar, Flucht.
Kampfmittel: Formalismus (auf Ordnung, Moral, Gesetze berufen); Macht (Druck, Sanktionen ausüben); Vermeidung; Unvorhersehbares, Unruhe, Chaos, Veränderung, Risiko.	**Kampfmittel:** Szenen machen (dramatisieren, intrigieren ...); Vermeidung; Dauer, Ordnung, Verpflichtung, Bindung.
Krisenverhalten: Ordnen der Innen- und Außenwelt, Tabellen und Schemen, Ablage machen, Schreibtisch aufräumen, Pläne erstellen	**Krisenverhalten:** Ablenken, flüchten, neue Menschen kennen lernen, Szenen und Dramen inszenieren.
Nähe (Gefühl)	**Distanz (Verstand)**
Stärken: Verständnis, Einfühlsamkeit, Geduld, Pflichtgefühl, Zuwendungsbereitschaft.	**Stärken:** Logik, Sachlichkeit, Beobachtungsgabe, Vernunftgebrauch, Kritikfähigkeit.
Schwächen: konfliktscheu, Angst vorm Alleinsein, Dulderhaltung, Anklammerung, geringe Selbstständigkeit, Gier.	**Schwächen:** kontaktarm, misstrauisch, leicht kränkbar, wenig Emotionalität, Absonderung, Ekel.
Kampfmittel: Emotionale Erpressung (Hilflosigkeit, Abhängigkeit zeigen, Schuldgefühle wecken); Vermeidung; Trennung, Eigenständigkeit.	**Kampfmittel:** Zynismus, Distanz (rationalisieren, argumentieren); Vermeidung; Nähe, Gefühl, Hingabe.
Krisenverhalten: Wärme suchen, anklagen, klönen, sich verkriechen, sich anlehnen und ausweinen, verstanden werden.	**Krisenverhalten:** Alleine sein, durchdenken, mit sich ins Reine kommen, Selbsterforschung, Abstand von den Dingen bekommen.
(vgl. Mack 2000)	

Übung: Tendenzen bestimmen

Lesen Sie die folgenden Aussagen und schätzen Sie subjektiv ein, inwieweit die jeweilige Aussage auf Sie zutrifft oder nicht. Machen Sie jeweils ein Kreuz in das entsprechende Kästchen bei Ja oder Nein.

	Ja	Nein
1. Ich bin ein eher distanzierter Mensch	☐	☐
2. Ich lasse lieber alles beim Alten.	☐	☐
3. Es fällt mir leichter, für andere da zu sein, als für mich selbst.	☐	☐
4. Ich bin kreativ und beweglich.	☐	☐
5. Ich fühle mich leicht angegriffen.	☐	☐
6. Ich denke lange nach, bevor ich entscheide.	☐	☐
7. Ich habe immer ein offenes Ohr für andere.	☐	☐
8. Ich bevorzuge intensive Gefühle.	☐	☐
9. Häufig fühle ich mich erschöpft.	☐	☐
10. Vertrauen ist gut, Kontrolle ist besser.	☐	☐
11. Ich kann schlecht Nein sagen aus Angst, andere zu verlieren.	☐	☐
12. Ich mag keine Grenzen oder Einschränkungen.	☐	☐
13. Vieles wird mir oft zu viel.	☐	☐
14. Ich muss genau sein.	☐	☐
15. Ich gebe eher nach, als dass ich mich durchsetze.	☐	☐
16. Ich bin lebendig, charmant und attraktiv.	☐	☐
17. Argumente sind wichtiger als Emotionen.	☐	☐
18. Ich erfülle Aufgaben mit Gewissenhaftigkeit.	☐	☐
19. Ich lasse mich leicht ausnutzen.	☐	☐
20. Ich neige zu Unpünktlichkeit und Inkonsequenz.	☐	☐
21. Ich bin oft leicht depressiv.	☐	☐
22. Ich bin zuverlässig.	☐	☐
23. Ich kann eine warme, vertrauensvolle Atmosphäre herstellen.	☐	☐
24. Ich kann schlecht warten oder geduldig sein.	☐	☐
25. Ich bekomme leicht Angst und fühle mich unsicher.	☐	☐
26. Ich bereite mich gut auf neue Situationen vor.	☐	☐
27. Ich brauche andere Menschen.	☐	☐
28. Ich riskiere es selten, meine Meinung zu sagen.	☐	☐
29. Ich habe oft ein Gefühl von Unsicherheit.	☐	☐
30. Ich will einer Sache ganz sicher sein.	☐	☐

	Ja	Nein
31. Ohne Nähe fühle ich mich allein.	☐	☐
32. Ich kann eine ganze Gesellschaft unterhalten.	☐	☐
33. Ich kann Zusammenhänge leicht und tief analysieren.	☐	☐
34. Ich halte mich an Regeln und erwarte das auch von anderen.	☐	☐
35. Ich fühle mich eher bedrückt und schwer als leicht und froh.	☐	☐
36. Ich mag eine erotische Atmosphäre.	☐	☐
37. Ich habe ein Ohr für Zwischentöne.	☐	☐
38. Ich bin belastungsfähig.	☐	☐
39. Manchmal kann ich schlecht unterscheiden, was Meins und Deins ist.	☐	☐
40. Ich kann schlecht an einer Sache dranbleiben.	☐	☐
41. Zu viel Kontakt bedeutet Stress für mich.	☐	☐
42. Neues und Unklares kann mir Angst machen.	☐	☐
43. Harmonie ist mir wichtig.	☐	☐
44. Intensität und Neues ist mir wichtiger als Regelmäßigkeit.	☐	☐
45. Ich fühle mich sicherer, wenn ich alleine bin.	☐	☐
46. Ordnung, Pünktlichkeit und Zuverlässigkeit sind mir wichtig.	☐	☐
47. Konflikte versuche ich zu vermeiden.	☐	☐
48. Innovationen geben mir mehr Sinn als Altes.	☐	☐

Auswertung:

Zählen Sie nun die mit Ja bewerteten Aussagen wie folgt zusammen und errechnen Sie die Prozentzahl am Gesamtergebnis:

Frage-Nr.	1, 5, 9, 13, 17, 21, 25, 29, 33, 37, 41, 45	2, 6, 10, 14, 18, 22, 26, 30, 34, 38, 42, 46	3, 7, 11, 15, 19, 23, 27, 31, 35, 39, 43, 47	4, 8, 12, 16, 20, 24, 28, 32, 36, 40, 44, 48
Anzahl in % (Basis = 48 Antworten)	%	%	%	%
Typ	**Distanz**	**Dauer**	**Nähe**	**Wechsel**

Tragen Sie nun die Ergebnisse in die nachfolgende Grafik ein. Sie stellen sicherlich fest, dass Sie unterschiedliche Ausprägungen in den jeweiligen Tendenzen besitzen. Da Verhalten jedoch auch immer kontextspezifisch ist, lassen sich dafür entsprechend eindeutige Positionierungen finden. Für Führungssituationen könnten dies beispielhaft folgende Verhaltensweisen sein.

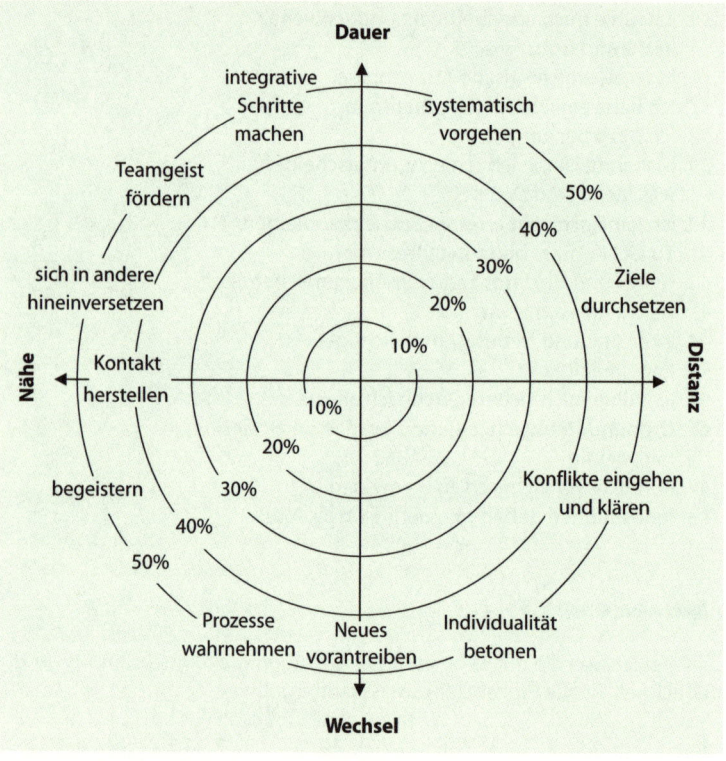

Je flexibler, situativer und ausgeprägter sich eine Führungskraft im Rahmen dieser Grundtendenzen bewegt, desto besser kann sie mit unterschiedlichen Situationen umgehen und sich diesen gut anpassen. Ihre eigenen Ergebnisse sollten Sie ebenfalls in einer solchen Abbildung festhalten.

Sie als Führungskraft

Beruflicher Werdegang und bedeutende Ereignisse

»Man kann auf Dauer nicht gewinnen, wenn man nicht das tut, was zu einem passt.« *Bernd Schmid*

Ausgehend von den Ergebnissen Ihres persönlichen Werdegangs (Seite 65), können Sie sich jetzt an Ihre Stärken und Schwächen als Führungskraft herantasten. Stellen Sie sich nun berufliche Etappen vor. Übernehmen und ergänzen Sie diese Ergebnisse und stellen Sie das auf einem separaten Blatt grafisch dar.

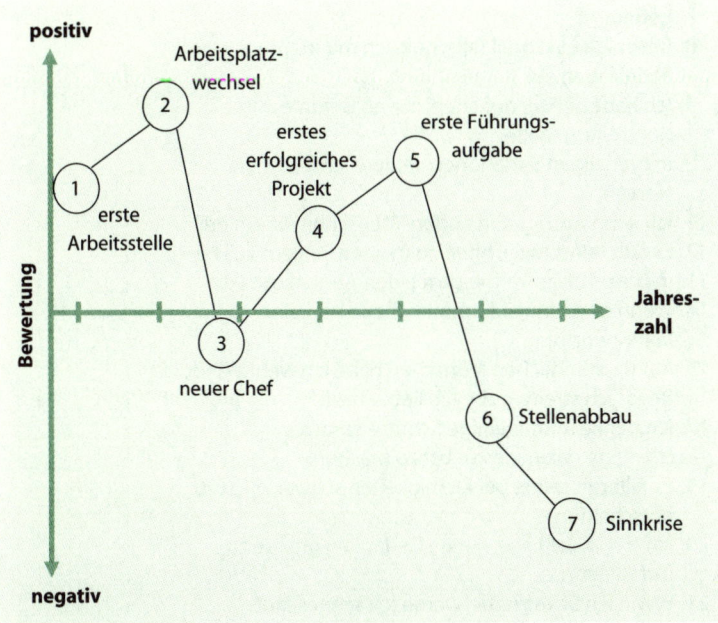

Haben Sie Führungsqualitäten?

Eine Antwort auf diese Frage finden Sie im nachfolgenden Test (nach Senger/Hoffmann 1998). Kreuzen Sie die entsprechende Spalte an.

Testfragen

❶ Stimmt nicht   ❷ Stimmt mitunter
❸ Stimmt meistens   ❹ Stimmt vollkommen

❶ ❷ ❸ ❹

1. Ich kann mir nur schwer Aufmerksamkeit verschaffen. ☐☐☐☐
2. Es fällt mir leicht, anderen meinen Standpunkt klarzumachen. ☐☐☐☐
3. Wenn ich von einer Sache überzeugt bin, lasse ich mich von niemandem davon abbringen. ☐☐☐☐
4. Im Alltag ordne ich mich eher unter. ☐☐☐☐
5. Ich halte mich für kompromissfähig. ☐☐☐☐
6. Manche Typen schaffen es, mich in kürzester Zeit in die Höhe zu bringen. ☐☐☐☐
7. Im Umgang mit anderen Menschen bin ich zu gehemmt. ☐☐☐☐
8. Bevor ich ein Urteil fälle, hole ich mir mehrere Meinungen ein. ☐☐☐☐
9. Ich habe Schwierigkeiten, meine Gefühle unter Kontrolle zu halten. ☐☐☐☐
10. In brenzligen Situationen verliere ich leicht die Nerven. ☐☐☐☐
11. Ich kann mich gut in andere Menschen einfühlen. ☐☐☐☐
12. Es fällt mir schwer, offen zu meinen Fehlern zu stehen. ☐☐☐☐
13. In Gesprächen vermeide ich den Augenkontakt. ☐☐☐☐
14. Wenn es darauf ankommt, scheue ich keine Verantwortung. ☐☐☐☐
15. Mit umständlichen Menschen habe ich wenig Geduld. ☐☐☐☐
16. Bevor ich streite, gebe ich lieber nach. ☐☐☐☐
17. Ich denke immer einige Schritte voraus. ☐☐☐☐
18. Ich neige dazu, alles selbst zu machen. ☐☐☐☐
19. Es fällt mir selbst bei Kleinigkeiten schwer, mich zu entscheiden. ☐☐☐☐
20. Ich bin in der Lage, meine Gedanken präzise zu formulieren. ☐☐☐☐
21. Wenn ich Stress habe, werde ich schnell laut. ☐☐☐☐

Bilden Sie nun die Summe für die genannten Fragen, indem Sie die Punktzahl der angekreuzten Antwort in die folgende Auswertung eintragen, und ermitteln so, wie viele Punkte Sie bei den einzelnen Typen erreicht haben.

Auswertung					
Typ A		**Typ B**		**Typ C**	
Frage	Punkte	Frage	Punkte	Frage	Punkte
1.		2.		3.	
4.		5.		6.	
7.		8.		9.	
10.		11.		12.	
13.		14.		15.	
16.		17.		18.	
19.		20.		21.	
Summe		Summe		Summe	

- **Typ A »Die Arbeitsbiene«:** Ihnen fällt es nicht leicht, sich im Leben durchzusetzen. Es ist kein Zufall, dass Sie von sich aus keine Führungsrolle anstreben. Sie sind eher dazu bereit, sich unterzuordnen, als selbst die Initiative zu ergreifen. Das liegt vor allem daran, dass Sie sich nicht viel zutrauen. Sie sind sicher ein guter und zuverlässiger Mitarbeiter, aber Sie brauchen immer jemanden, der Ihnen sagt, »wo es langgeht« und was Sie zu tun haben. Wenn Sie nach Höherem streben, sollten Sie dringend etwas für Ihr Selbstbewusstsein tun!

- **Typ B »Das Häferl«:** Sie träumen zwar heimlich von einer Führungsposition. Wenn Sie aber wirklich eine erreichen wollen, müssten Sie noch an sich arbeiten. Um Chef zu sein, genügt es nicht, immer nur das letzte Wort zu haben. Sie müssen lernen, auch mit den Schwächen anderer (verständnisvoll) umzugehen. Auch Ihr aufbrausendes Temperament sollten Sie mehr unter Kontrolle haben. Sie verlieren leicht das seelische Gleichgewicht und geraten (viel zu) schnell in Wut. Darüber hinaus ist es unerlässlich, auch die Meinung anderer anzuhören, denn: Sie haben nicht immer Recht.

● Typ C »Der Leithammel«: Wenn Sie nicht ohnehin schon in einer Führungsposition sind, haben Sie auf jeden Fall das Zeug dazu. Sie sind einfühlsam, kompromissbereit und durchaus fähig, andere Menschen zu motivieren. Wenn Sie eine Entscheidung treffen müssen, gehen Sie überlegt vor und versäumen es nicht, andere um ihre Meinung zu fragen. Sie sind in der Lage, sich klar auszudrücken und Ihre Wünsche verständlich zu formulieren. Auch vor Verantwortung drücken Sie sich nicht. Ihre Fähigkeit, strategisch zu denken und Situationen richtig einzuschätzen, kommt Ihnen bei der Urteilsbildung zugute.

Anforderungsprofil

> »Manchmal muss man ein Gelände roden, auch wenn man noch nicht weiß, was man dort Neues anlegen möchte.« *Bernd Schmid*

Das nachfolgende Anforderungsprofil zeigt die dargestellten Kompetenzbereiche einer Führungskraft nochmals auf. Es beschreibt beobachtbare Verhaltensweisen, damit Sie die genannten Kompetenzen hinsichtlich Ihres Erreichungsgrads besser beurteilen können. Außerdem sind die Kriterien gut für Ihnen unterstellte Führungskräfte und, mit Ausnahmen, auch für Ihre Mitarbeiter geeignet. In der Praxis wird für eine konkrete zu besetzende Stelle üblicherweise eine Auswahl der hier dargestellten Kriterien gewählt. Und zwar sowohl zur Darstellung eines erwünschten Soll-Profils, als auch zur Ermittlung des aktuellen Ist-Profils. Abweichungen können dann Anlass für entsprechende Entwicklungsmaßnahmen sein (s. S. 82).

 Hinweis: Ein komplettes Anforderungsprofil, abgestellt auf alle auf Seite 57ff. genannten »Merkmale der Kompetenzbereiche« können Sie sich als Dokument unter www.rolandjaeger.de/service/downloads herunterladen.

Anforderungsprofil (Auszug)

1 = trifft nicht zu   5 = trifft voll zu

Kompetenz	Verhaltensweise					
Fachkompetenz						
Generalisten-/ Managementwissen (fachliche Breite)	Kann auf ein breit angelegtes All- gemein- und Führungswissen zu- rückgreifen.	1	2	3	4	5
Expertenwissen und spezielle Fertigkeiten (fachliche Tiefe)	Kann über sein Aufgabengebiet einen inhaltsreichen Fachvortrag halten.	1	2	3	4	5
Fremdsprachen- kenntnisse	Kann in mindestens einer Fremd- sprache sicher schriftlich und mündlich kommunizieren.	1	2	3	4	5
Auslandserfahrung	Kann einen mindestens sechs- monatigen Auslandseinsatz nachweisen.	1	2	3	4	5
Produkt-/Branchen- /Marktkenntnisse und Erfahrungen	Kann die Vor- und Nachteile der eigenen Produkte in Bezug zu Mitbewerbern nennen.	1	2	3	4	5
	Kann auf mindestens eine Tätigkeit bei einem Mitbewerber verweisen.	1	2	3	4	5
Aktuelle Trends	Kann Trends am Markt zuver- lässig erkennen und einschätzen.	1	2	3	4	5

Die Zukunft gestalten

Es würde den Rahmen dieses Buches sprengen, ein komplettes Personalentwicklungskonzept darzustellen. Damit Sie die gewonnenen Erkenntnisse aus den bisherigen Aufgaben pragmatisch umsetzen können, empfehle ich Ihnen, in Zusammenarbeit mit einem kompetenten Ansprechpartner Ihrer Organisation (beispielsweise Vorgesetzter oder Personalentwickler) ein Soll-Profil für Ihre Position zu erstellen und mit Ihrem Ist-Profil abzugleichen. Sofern sich Entwicklungsbedarf ergibt, können Sie sich nun einen konkreten Entwicklungsplan erarbeiten.

Konkreter Entwicklungsplan

Die Basis eines Entwicklungsplans für Sie könnten beispielsweise die aus dem Anforderungsprofil erkannten Entwicklungsbereiche in Form von beobachtbaren Verhaltensweisen sein. Anhand eines Beispiels soll deutlich werden, wie konkret und detailliert ein solcher Entwicklungsplan aussehen könnte.

Beispiel: Eine Führungskraft ist erstmals mit einer Führungsaufgabe betraut und hat keine bis wenig Kenntnisse und Erfahrungen im Konfliktmanagement, der Teamführung und Moderation. Das zugehörige Anforderungsmerkmal lautet: Konfliktlösungsbereitschaft und -fähigkeit erhöhen.

Auf den Ebenen Wissen, Wollen, Können und Dürfen (s. S. 29) sind nun konkrete »Lernziele« und Maßnahmen zu definieren. Diese erlauben später, den Lernerfolg und damit die weitere Entwicklung besser zu beurteilen.

Lernzieldefinition	
Was muss die Führungskraft ...	
wissen	**wollen**
Kenntnisse über	Verständnis über
● Grundlagen der Gesprächs-führung.	● die Chance von Konflikten.
● Entstehung von Konflikten.	● eigenes Konfliktverhalten und bevorzugte Konfliktstrategien.
● Konfliktarten und -formen.	● Notwendigkeit, Konflikte anzusprechen.
● Konflikterkennung und -analyse.	● den eigenen Willen, Konflikte lösen zu wollen.
● Gruppendynamik.	● Möglichkeit seiner Rolle als Führungskraft und der sich daraus ergebenden »Macht«, zu einer erfolgreichen Konflikt-lösung beizutragen.
● Konfliktverläufe in Gruppen.	
● Vorgehensweisen der Konfliktbearbeitung.	
● Techniken der Moderation.	
● Fragetechniken.	
Konkrete Maßnahmen:	Konkrete Maßnahmen:
● Bücher über Kommunikation, Moderation und Konflikt-management lesen und Zusammenfassungen erstellen.	● Coaching durch den Vorgesetzten.
● Teilnahme an einer externen Erfahrungsaustauschgruppe »Moderation und Konflikt-lösung in Teams«.	● Vortrag halten zum Thema »Konfliktmoderation im Team« in der hauseigenen Weiter-bildungsakademie.
können	**dürfen**
Fertigkeiten und Fähigkeiten hinsichtlich	Eigene Erlaubnis zur
● Gespräche systematisch vorbereiten, durchführen und nachbereiten.	● aktiven Wahrnehmung seiner Führungsrolle in Konflikt-situationen im Team.
● Gruppenprozesse beobachten und bewerten.	● Durchsetzung von Rahmen-bedingungen.
● Konflikte in Gruppen erkennen, analysieren und zielorientiert lösen.	● Abgabe der Entscheidung und Verantwortung über die »richtige« Konfliktlösung an das Team.
● der Moderation von Gruppen.	Fremde Erlaubnis zur Wahrneh-mung seiner Rolle, insbesondere der Abgabe von Entscheidung und Verantwortung an das Team.
● der Nutzung und des sicheren Einsatzes von Moderations-medien zur Konfliktmoderation.	

Lernzieldefinition (Fortsetzung)	
Was muss die Führungskraft ...	
können	**dürfen**
Konkrete Maßnahmen: ● Seminar zum Thema Konflikt-management besuchen. Dabei auch die Vor- und Nach-bereitungsgespräche intensiv nutzen sowie weitere Transfer-sicherungsmaßnahmen über-legen. ● In einem konflikthaften Projektteam sollten mindestens zwei erfolgreiche Konfliktmode-rationen durchgeführt werden. ● Durchführung eines internen Seminars zum Thema »Konfliktmoderation im Team« bei der hauseigenen Weiter-bildungsakademie.	Konkrete Maßnahmen: ● Coaching durch den Vor-gesetzten. ● Teilnahme an einer externen Erfahrungsaustauschgruppe »Moderation und Konflikt-lösung in Teams«.

»Nach dem Besuch eines Seminares brauche ich immer drei Wochen, um wieder so arbeiten zu können wie vorher.« *Ein Seminarteilnehmer*

Damit die genannten Maßnahmen greifen und die Führungskraft sich aktiv weiterentwickeln kann, muss auch der übergeordnete Vorgesetzte Beiträge leisten. Üblicherweise werden die vorgenannten Maßnahmen in einem Mitarbeitergespräch beziehungsweise Zielvereinbarungsgespräch besprochen und vereinbart.

Anschließend müssen diese Maßnahmen in einen zeitlich strukturierten Entwicklungsplan überführt sowie Kontrollpunkte und Feedback-Gespräche vereinbart werden, um die Umsetzung sicherzustellen.

Zeitlich strukturierter Entwicklungsplan			
Nr.	Was	Termin	Status
1	Bücher über Kommunikation, Moderation und Konfliktmanagement lesen und Zusammenfassungen erstellen.	31.01.	✔
2	Seminar zum Thema Konfliktmanagement besuchen (inklusive Vor- und Nachbereitungsgespräch sowie weiterer Transfersicherungsmaßnahmen).	28.02.	⧖
3	Coaching durch den Vorgesetzten.	30.03.	⧖
4	Teilnahme an einer externen Erfahrungsaustauschgruppe »Moderation und Konfliktlösung in Teams«.	30.03.	○
5	Kontroll- und Feedback-Gespräch.	30.05.	○
6	In einem konflikthaften Projektteam mindestens zwei erfolgreiche Konfliktmoderationen durchführen.	31.08.	○
7	Halten eines Vortrags zum Thema »Konfliktmoderation im Team« bei der hauseigenen Weiterbildungsakademie.	30.09.	○
8	Durchführung eines internen Seminars zum Thema »Konfliktmoderation im Team« bei der hauseigenen Weiterbildungsakademie.	30.11.	○
9	Kontroll- und Feedback-Gespräch.	31.12.	○
Status: ○ = noch nicht begonnen, ⧖ = läuft, ✔ = erledigt			

Selbstverständlich ist es ziemlich aufwändig, einen so detaillierten Plan zu erstellen und zu pflegen. Insbesondere, da hier ja nur ein Kompetenzmerkmal dargestellt wurde und es in Ihrer Praxis sicherlich mehrere Entwicklungsmöglichkeiten beziehungsweise -notwendigkeiten gibt. Aber ohne eine so detaillierte Beschreibung und entsprechende Vereinbarung bleiben nach meiner langjährigen Erfahrung alle Veränderungsmaßnahmen im Treibsand der Alltagshektik, geringer Zielorientierung und mangelhafter Fokussierung auf gewünschte Veränderungen stecken!

Daher möchte ich Sie dringend bitten, sich die notwendige Zeit tatsächlich zu nehmen! Ich bin sicher, Sie werden es nicht bereuen!

Erstellen Sie Ihren eigenen Entwicklungsplan

»Zeiten der Veränderung sind Zeiten von Furcht und neuen Möglichkeiten. Von welcher Art sie für Sie sein mögen, hängt ganz von Ihrer Einstellung zu ihnen ab.« *Ernest C. Smith*

Erstellen Sie nun, ausgehend von Ihrem Soll- und Ist-Profil beziehungsweise den weiteren Ergebnissen, Ihren ganz persönlichen Entwicklungsplan. Verwenden Sie dazu die im Beispiel dargestellte Lernzieldefinition (s. S. 79) und den zeitlich strukturierten Entwicklungsplan (s. S. 81).

 Buchtipp: Weitere Hinweise und Tipps zur Zielformulierung, Planung und Realisierung können Sie in meinem Buch »Selbstmanagement und persönliche Arbeitstechniken« nachlesen.

Sollten Sie hierzu Fragen haben oder Unterstützung benötigen, können Sie sich gerne mit mir in Verbindung setzen.

 Die Zusammenfassung dieses Kapitels finden Sie als Mindmap unter www.rolandjaeger.de/service/downloads.

Methoden, Techniken, Verhaltensweisen und Hilfsmittel

Im diesem Kapitel finden Sie Methoden, Techniken, Anregungen und Hilfsmittel, die Sie bei der täglichen Erreichung Ihrer Ziele unterstützen. Dabei kann es hilfreich sein, dieses Kapitel nicht von vorne bis hinten durchzulesen, sondern bedarfsgerecht vorzugehen. Die Reihenfolge orientiert sich an den Aufgaben einer Führungskraft (s. Regelkreis auf Seite 54), wenn auch einige Themen mehreren Aufgaben zugeordnet werden können.

- **Visionen und Ziele entwickeln.** Visionen ausarbeiten und formen, Ziele formulieren und anstreben.
- **Planungen und Projektarbeit durchführen.** Planungen angehen und verwirklichen, Projektmanagement initiieren und umsetzen.
- **Entscheidungen treffen.** Prioritäten setzen, Gute Entscheidungen herbeiführen.
- **Organisation gestalten und formieren.** Mitarbeitergespräche führen, Veränderungsprozesse gestalten.
- **Realisierung sicherstellen.** Ideen finden, kreativ suchen und realisieren, Konfliktmanagement verbessern, Motivation erhöhen, Teamarbeit gestalten.
- **Koordination verbessern.** Besprechungen, Sitzungen und Meetings moderieren.
- **Kontrollen durchführen.** Delegieren, Kontrollieren.
- **Wirkungsvoll kommunizieren und informieren.** Sicher kommunizieren, mit Fragen führen, gezielt informieren, überzeugend präsentieren.
- **Mitarbeiter einstellen, entwickeln und fördern.** Personalentwicklung als Führungsaufgabe, Mitarbeiter suchen und auswählen, Mitarbeiter einarbeiten, Mitarbeiter beurteilen, Mitarbeiter fördern. Mitarbeiter langfristig binden und halten, Mitarbeiter coachen.
- **Eigene Position festigen und ausbauen.** Beziehungsmanagement Selbstdisziplin, Selbstmanagement.

Visionen und Ziele entwickeln

Visionen ausarbeiten und formen

»Der ›Chef‹, das ist nicht der, der etwas anweist, sondern der, der das Verlangen weckt, etwas zu tun.« *Edgar Pisani*

Ihre Situation sieht beispielsweise folgendermaßen aus: In Ihrer Abteilung ist vieles im Umbruch. Sie möchten sie daher stärker auf die Zukunft ausrichten, um langfristig den Erfolg sicherzustellen. Ihr Problem ist aber: Es gibt in Ihrem Unternehmen keine übergeordnete Vision. Übergeordnete Ziele werden nur unzureichend und schwammig vorgegeben. Daher lautet Ihr Ziel: eine kraftvolle Vision formulieren und deren Umsetzung voranbringen.

Zunächst müssen Sie sich klar darüber werden, was eine Vision ist: Eine Vision ist ein emotional aufgeladenes inneres Bild, das Sie motiviert und veranlasst, in Bewegung zu kommen. Es bedeutet, sich eine Vorstellung von der entfernten Zukunft machen. Dieses Bild, das Sie motiviert und veranlasst, sich darauf hinzubewegen, soll auch Ihre Mitarbeiter mitreißen, daher sollten Sie unbedingt auch die zwei Grundstrategien der Motivation beachten (s. S. 142).

Eine Vision soll Orientierung geben, eine Richtung anzeigen, in die es sich lohnt, sich zu entwickeln. Sie sollte alle relevanten Elemente erfolgreicher Unternehmensführung berücksichtigen. Gehen Sie am besten wie folgt vor.

Definieren Sie zunächst alle relevanten Visionselemente: also beispielsweise Kunden, Markt und Wettbewerb, Kernkompetenzen, Marktpositionierung, Produkte oder Dienstleistungen, Marketing, Werbung und Vertrieb, Logistik, Organisation, Personal, Finanzen, Controlling. Um nun daraus eine Vision zu formulieren, sollten Sie sich folgende Fragen stellen:

- Wer sind wir und wozu gibt es uns?
- Was ist das Besondere an uns? Was können wir besonders gut?
- Wodurch unterscheiden wir uns von unseren Mitbewerbern?
- Wer sind unsere Kunden?
- In welchen Märkten sind wir aktiv?
- Welche Position im Markt haben wir?
- Welche Produkte und Dienstleistungen bieten wir an?
- Wie machen wir auf uns aufmerksam?
- Wie sichern wir eine schnelle Versorgung unserer Kunden?
- Wer sind unsere Investoren?

Für jedes Visionselement sollten Sie maximal zwei Sätze formulieren. Schreiben Sie dabei stets so, als ob Sie diese Vision schon erreicht hätten: »Wir sind ...; wir haben ...; wir besitzen ...; wir leiten ...; wir führen ...; wir betreiben ...; wir können ...« Überprüfen Sie dann anhand folgender Fragen, ob die Vision kraftvoll und motivierend genug ist:

- Wie fühlt es sich an, wenn wir uns vorstellen, diese Vision zu leben?
- Was sehen, hören und fühlen wir in diesem Bild der Zukunft?
- Wie weit können wir uns mit dieser Vision identifizieren? (auf einer Skala von 1–10)
- Wie stark fühlen wir uns von unserer Vision angezogen? (auf einer Skala von 1–10)
- Was müssen wir tun, damit der Sog zur Vision sich noch verstärkt?

Um aus Ihrer Vision konkrete Handlungen abzuleiten, eignen sich folgende Fragen. Gehen Sie diese für jedes Visionselement durch.

- Was ist Ihre Vision im Hinblick auf Ihr Unternehmen und dessen relevante Umwelt? (Unsere Vision ist ...)
- Welches ist Ihre Identität oder Rolle im Hinblick auf Ihre Vision und Ihr Unternehmen? (In Bezug auf diese Vision sind wir ...)
- Was ist Ihre Mission bezogen auf Ihr Unternehmen? (Unsere Mission ist es ...)

- Welche Überzeugungen und Werte drücken Ihre Vision und Mission aus? (Wir setzen uns für unsere Vision ein, weil wir Wert darauf legen, dass …)
- Warum haben wir speziell diese Vision und Mission? Welche Überzeugungen motivieren uns zu unserem Denken und Handeln? (Wir glauben an …)
- Welche Fähigkeiten brauchen Sie, um Ihre Vision umzusetzen und Ihre Mission zu erreichen, angesichts Ihrer Überzeugungen und Werte? Wie werden Sie Ihre Mission erfüllen? (Um unsere Vision zu erreichen und unsere Mission zu erfüllen, nutzen wir unsere Fähigkeiten zu …)
- Welches spezielle Verhalten ist mit dem Manifestieren Ihrer Vision und dem Erfüllen Ihrer Mission verbunden, das sowohl Ihre Fähigkeiten nutzt als auch mit Ihren Überzeugungen und Werten übereinstimmt? (Unser Plan ist es, …)
- In welcher Umgebung werden Sie Ihre Vision erreichen? Wann und wo wollen Sie sich so verhalten, wie es im Einklang mit Ihrer Vision und Mission steht? Welcher äußere Kontext umgibt das erwünschte Ziel und das erwünschte Handeln? (Dieser Plan wird umgesetzt im Kontext von …)

Diese Schritte können Sie grundsätzlich auch mit Ihren Kollegen und Mitarbeitern im Rahmen von Workshops durchführen.

Buchtipp: Wer weitere Ideen und Vorgehensweisen sucht, wird fündig bei Robert Dilts: Von der Vision zur Aktion (1998).

Ziele formulieren und anstreben

Die Situation: Sie erkennen, dass Sie bisweilen ziemlich »rumwursteln«, dabei möchten Sie Ihr Tagesgeschäft eigentlich zielorientiert führen und steuern. Ihr Problem ist aber, dass Ihnen die genauen Ziele nicht bekannt oder noch unklar sind. Daher lautet in diesem Fall Ihr Ziel, dass Sie stimmige Ziele für Ihr Tagesgeschäft formulieren und die Umsetzung sicherstellen.

»Bringt mich das, was ich jetzt tue oder tun will, meinem Ziel näher?«
Ernst A. Rotter

Ziele geben Ihnen eine Antwort auf die Fragen: Was will ich wann
erreichen? Welches Ergebnis strebe ich an? – Klar davon zu unterscheiden sind Maßnahmen, die helfen, diese Ziele zu erreichen.
Maßnahmen geben Antwort auf die Fragen: Wie komme ich dahin?
Welche Unterstützung und Mittel brauche ich dabei? Was muss ich
tun, um das Ziel zu erreichen?

Ziele dienen dazu, eine vorhandene Vision in klare Absichten zu
fassen und in präzisen Formulierungen auszudrücken. Damit wird
Ihr Handeln auf die Erreichung dieser Ziele ausgerichtet.

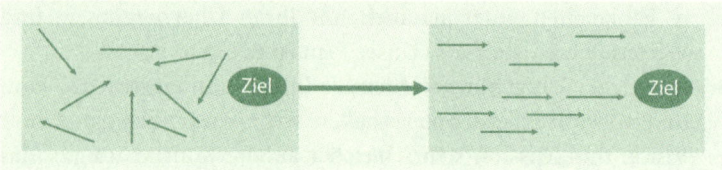

Ziele wirken daneben auch unbewusst. Je attraktiver sie sind, desto
besser wird Ihr Unterbewusstsein Sie dabei unterstützen, diese zu
erreichen. Unterschätzen Sie diesen Faktor nicht!

Damit ein Ziel richtig formuliert ist, sollte es folgende Bedingungen erfüllen:

S	**Sinnesspezifisch:** Der Zielzustand sollte so spezifisch wie möglich beschrieben (konkret, eindeutig, präzise) werden.
M	**Messbar:** Der angestrebte Zustand muss erkennbar, objektiv fest-stellbar und damit überprüfbar sein.
A	**Aktionsorientiert, attraktiv und als ob jetzt:** Das Ziel ist so zu for-mulieren, dass es Handlungen und positive Veränderungen aufzeigt.
R	**Realistisch und relevant:** Es sollen wichtige Ziele beschrieben wer-den, die auch erreichbar sind.
T	**Terminiert und transparent:** Die Zielerreichung sollte zeitlich genau festgelegt und klar nachvollziehbar sein.

Formulieren Sie daher Ihre Ziele in Zukunft **SMART**!

Ein nächster wichtiger Punkt ist das Strukturieren Ihrer Ziele. Als Kriterien für eine solche Strukturierung bieten sich üblicherweise an: die Fristigkeit (kurz-, mittel- und langfristig); der Inhalt (beruflich, privat, persönlich); die Wertigkeit (materiell, immateriell) sowie die Elemente (Kunden, Markt und Wettbewerb, Produkte oder Dienstleistungen). Gehen Sie in folgenden Schritten vor.

Zielideen suchen: Lassen Sie sich am Anfang einen breiten Spielraum und berücksichtigen Sie unterschiedliche Zielträger. Anschließend müssen Sie einen Zeitrahmen für die Zielerreichung definieren: Sie sollten trennen zwischen kurz-, mittel- und langfristigen Zielen. Denn wenn Sie für schnell sichtbare Erfolge sorgen, halten Sie auch die Motivation hoch.

Natürlich müssen Sie auch die Konsequenzen der Zielerreichung überprüfen: Sie müssen sich fragen: Wenn wir diese Ziele erreicht haben, was können wir dann tun? Was gewinnen beziehungsweise verlieren wir dadurch? Worauf müssen wir dann vielleicht verzichten? Was möchten wir gerne behalten? Was würde passieren, wenn wir das Ziel erreichen? Und was geschieht, wenn wir es nicht erreichen? Was passiert nicht, wenn wir das Ziel erreichen, und was, wenn wir es nicht erreichen? – Nur wenn Sie sich diese Fragen stellen, werden Sie auch Lösungsalternativen berücksichtigen können.

Sie müssen sich unbedingt die Motivation zur Zielerreichung bewusst machen: Ohne ausreichende Motivation wird keine Veränderung in Richtung der Ziele stattfinden können. Die zwei Grundstrategien der Motivation sollten Sie dabei immer beachten: die »Hin-zu-« und »Weg-von-Strategie «. Stellen Sie sich die Fragen:

- Welche Freude wird es uns bereiten, diese Ziele zu erreichen?
- Verlust-Analyse: Was wird es uns kosten, wenn wir diese Ziele nicht in dem Zeitrahmen erreichen?
- Gewinn-Analyse: Was werden wir gewinnen, wenn wir diese Ziele erreichen?
- Was wird es uns kosten, das Ziel zu erreichen? Sind wir bereit, diesen Preis zu zahlen?
- Wie »bestrafen« wir uns, wenn wir die Ziele nicht erreichen?
- Wie »belohnen« wir uns, wenn wir die Ziele erreichen?
- Lohnt es sich, diese Ziele zu verfolgen?

Sie sollten auch frühzeitig mögliche Barrieren erkennen. Denn: Die Umsetzung von Maßnahmen zur Zielerreichung scheitert oft an bereits vorher bekannten Hindernissen. Diese sollten Sie bewusst machen und geeignete (Gegen-)Maßnahmen einleiten.

Nun sollten Sie die genauen Ziele auswählen und überprüfen. Gehen Sie dabei in Ihrem Zeitplan rückwärts und fragen Sie: Was wollen wir in den nächsten zehn Jahren erreichen? Was wollen wir in den nächsten drei Jahren erreichen? Was wollen wir im nächsten Jahr erreichen? Was wollen wir im nächsten Halbjahr erreichen? Was wollen wir im nächsten Monat erreichen? Anschließend geht es darum, die Ziele zu operationalisieren: Definieren Sie Messkriterien für die Zielerreichung (SMART). Fragen Sie: Woran genau werden wir erkennen, dass wir das Ziel erreicht haben? Wie sieht das Ziel aus? Was hören wir dabei? Wie fühlt es sich an? Wann und in welchem Kontext möchten wir das Ziel erreichen? Und wann nicht?

Sie sollten die Ziele gewichten, sofern mehrere Ziele vorhanden sind, und diesen eine unterschiedliche Bedeutung zugeschrieben werden kann. Unbedingt die Ziele dokumentieren. Denn die leidvolle Erfahrung aus der Praxis zeigt: Ausschließlich schriftlich fixierte Ziele haben eine Chance, wirklich verfolgt zu werden.

Natürlich müssen Sie auch die Voraussetzungen analysieren, das bedeutet: Prüfen Sie, ob Sie alle notwendigen Voraussetzungen erfüllen. Fragen Sie: Welche Fähigkeiten und Eigenschaften sind zur Zielerreichung notwendig und welche müssen wir uns noch aneignen? Welche Überzeugungen und Werte brauchen wir für eine erfolgreiche Umsetzung? Welche weiteren Ressourcen und Erfahrungen sind notwendig? Wer kann uns unterstützen und wie?

Nun können Sie die ersten Schritte festlegen: Zur erfolgreichen Realisierung gehört vor allem ein schriftlicher Plan: Was ist noch zu tun, um die Zielverfolgung zu beginnen? Was genau werden wir sofort, morgen, bis spätestens in einer Woche machen? Notieren Sie diese ersten Schritte in einer Tabelle mit folgenden Spalten: Nummer, Ziele, Prioritäten, Messkriterien, Schritte, notwendige Hilfsmittel, Aufwand, Termine, Status. Die nächsten Schritte liegen darin, die Zielerreichung zu überprüfen und gegebenenfalls die Ziele anzupassen. Eine regelmäßige Überprüfung ist das zentrale und entscheidende Steuerungsmittel im Umsetzungsprozess von Entscheidungen.

Planungen und Projektarbeit durchführen

Planungen angehen und verwirklichen

»Wer Pläne schmiedet, darf nicht auf den glücklichen Zufall hoffen, vielmehr muss er mit den ungünstigsten Ausnahmen von der Regel rechnen.«
Robert Muthmann

Ihre Situation sieht vielleicht so aus: Sie haben eine Maßnahme vor, die nicht sofort und in einem Bearbeitungsgang vorbereitet und durchgeführt werden kann. Beispielsweise geht es um Ihre Jahresplanung, oder Sie müssen ein größeres Projekt realisieren. Ihr Problem: Sie befürchten, dass wichtige Aufgaben vergessen werden beziehungsweise die Aufgaben nicht hinreichend strukturiert sind. Daher lautet Ihr Ziel: diese Maßnahmen effizient vorbereiten, planen und zielgerichtet umsetzen. Eine gute Planung beinhaltet folgende Elemente:

- **Strukturierung der Aufgaben:** Das bedeutet, alle Aufgaben sind in einen sachlogischen Zusammenhang zu bringen.
- **Aufwandsschätzung:** Für jede einzelne Aufgabe ist der zur Durchführung notwendige zeitliche Aufwand zu schätzen.
- **Ablauf und Reihenfolge:** Die Aufgaben sind in eine sinnvolle Reihenfolge zu bringen.
- **Termine und Meilensteine:** Jede Aufgabe ist mit einem klaren Start- und Endtermin zu versehen. Für Zwischenziele und -ergebnisse sind ebenfalls geeignete Termine zu benennen.
- **Kosten:** Die entstehenden Kosten für die einzelnen Aufgaben sind festzustellen und zu planen.
- **Ressourcen:** Die notwendigen Ressourcen (Zeit, Personal und Sachmittel) sind ebenfalls einzuplanen.

Erst durch die Zusammenfügung dieser Elemente entsteht eine vollständige und aussagefähige Planung.

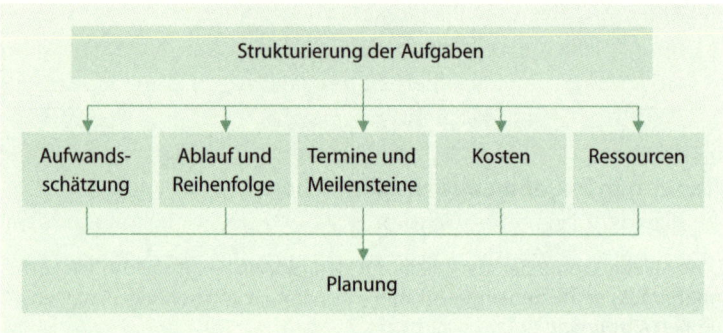

Für **langfristige und strategische Planungen** hat es sich bewährt, zunächst den Ausgangspunkt zu definieren: »Heute ist der ...«. Anschließend versetzen Sie sich in der Zeit nach vorne, und zwar zu dem Zeitpunkt, an dem alle Maßnahmen abgeschlossen sein sollen: »Wir sind jetzt im Jahr 2007 und wir haben ... erreicht«. Fragen Sie sich dann: »Was haben wir alles getan, um bis dahin zu kommen?« Von da aus gehen Sie schrittweise immer weiter zurück und fragen sich: »Wir sind jetzt im Jahr 2006. Was haben wir getan, um hierhin zu kommen?« So gehen Sie Schritt für Schritt zurück bis zum Ausgangspunkt der Planung, dem heutigen Tag. Das Prinzip lautet: **Denken Sie sich voraus und arbeiten Sie sich zurück.**

Sie können diesen Prozess räumlich unterstützen, indem Sie die unterschiedlichen Ereignisse auf einer **Zeitlinie** darstellen. Nutzen Sie beispielsweise den Fußboden, markieren Sie darauf Ihre individuelle Zeitlinie und schreiten Sie diese in den vorgenannten Schritten ab. Ergänzend können Sie zu den einzelnen Zeitpunkten auch Notizblätter mit den bis dahin erreichten Ergebnissen hinterlegen. Diese Zeitlinie muss keineswegs geradlinig verlaufen. Die Gerade dient lediglich der einfacheren Darstellung. In der Praxis sind solche Linien durchaus gebogen und mit unterschiedlichen räumlichen Abständen zwischen den einzelnen Ereignissen vorzufinden.

Berücksichtigen Sie am besten folgende Planungsprinzipien:

- Planen Sie schriftlich.
- Berücksichtigen Sie alle Elemente der Planung.
- Führen Sie eine rollierende Planung durch. Das bedeutet: Planen Sie konkret und detailliert nur den nächsten Zeithorizont. Als Zeithorizonte kommen in Frage: langfristig (Jahre), mittelfristig (Monate), kurzfristig (Tage, Wochen). Je weiter Sie in die Zukunft gehen, desto grober sollte die Planung ausfallen.
- Planen Sie ergebnisorientiert, also an den Zielen orientiert. Das bedeutet, nicht nur Aufgaben, sondern auch das dadurch zu erzielende Ergebnis festzulegen.
- Arbeiten Sie regelmäßig und systematisch mit Zeitplänen.
- Bleiben Sie konsequent und flexibel.
- Kontrollieren Sie die Aufgabendurchführung und -erledigung.
- Planen Sie Puffer ein und überlegen Sie sich auch vorher, was Sie tun, wenn Sie Ihren Plan nicht einhalten können.

Daraus ergeben sich natürlich Konsequenzen für Ihre Zeitplanung. Sie können sich besser an Ihren Zielen und Ihrer Stellenbeschreibung orientieren. Sie können viel zielgerichter planen. Planen Sie jeweils am Ende eines Zeitabschnittes für den nächsten, zum Beispiel am Vorabend für den nächsten Tag, in der letzten Monatswoche für den kommenden Monat.

Sie können leichter Prioritäten setzen, da Sie Ihre Ziele schriftlich fixiert haben. Fassen Sie ähnliche und wiederkehrende Aufgaben zu Blöcken zusammen. Planen Sie auch »stille« Stunden ein. Überhaupt sollten Sie beachten: Verplanen Sie maximal nur 50 Prozent Ihrer verfügbaren Zeit. Die verbleibende Zeit werden Sie für Störungen, Unvorgesehenes und wiederkehrende Aufgaben benötigen. Machen Sie rechtzeitig Pausen und planen Sie diese ebenfalls ein. Führen Sie nur notwendige und zielerreichende Aufgaben durch. Alle anderen Aufgaben sollten Sie eliminieren. Nutzen Sie eine Aktivitätenliste, um alle Aufgaben zu erfassen, die nicht an bestimmte Projekte oder Vorhaben gebunden sind. Kontrollieren Sie regelmäßig den Fortschritt Ihrer Ergebnisse und genießen Sie die erzielten Erfolge.

Projektmanagement initiieren und umsetzen

Eine kleine Geschichte

»Das ist eine kleine Geschichte über vier Kollegen namens *Jeder*, *Jemand*, *Irgendjemand* und *Niemand*. Es ging darum, eine wichtige Arbeit zu erledigen, und *Jeder* war sicher, dass sich *Jemand* darum kümmert. *Irgendjemand* hätte es tun können, aber *Niemand* tat es.

Jemand wurde wütend, weil es *Jeders* Arbeit war. *Jeder* dachte, *Irgendjemand* könnte es machen, aber *Niemand* wusste, dass *Jeder* es nicht tun würde. Schließlich beschuldigte *Jeder Jemand*, weil *Niemand* tat, was *Irgendjemand* hätte tun können.« (Quelle unbekannt)

Vielleicht entspricht dies Ihrer Situation: Sie haben eine Vielzahl unterschiedlicher abteilungs- beziehungsweise bereichsübergreifender Maßnahmen zu planen und umzusetzen. Dazu führen Sie verschiedene Projekte durch. Ihr Problem dabei ist: Die Projekte laufen zu lange oder kommen nicht zum Ende. Die Ergebnisse entsprechen nicht den Erwartungen, der Kostenrahmen wird gesprengt. Daher besteht Ihr Ziel darin: Die Projekte sollen termingerecht, im Rahmen des vorgegebenen Budgets und mit der vereinbarten Qualität erfolgreich durchgeführt und umgesetzt werden.

Denken Sie nun zunächst an die Managementfunktionen bei der Projektarbeit:

- Initiative: Projektideen prüfen, konkretisieren, priorisieren und starten.
- Planung: Projektauftrag und -planung festlegen, Projektaufbauorganisation bestimmen und Sachmittel einsetzen.
- Durchführung: Aufgaben gemäß Projektauftrag und -planung abarbeiten, Änderungen managen, Projektinformation und -marketing betreiben, Vorgehen und Ergebnisse dokumentieren.
- Controlling und Berichtswesen: Projektstand feststellen, Abweichungen analysieren und Steuerungsmaßnahmen ergreifen, Information über Projektstatus und -fortschritt an die Gremien der Projektaufbauorganisation.
- Abschluss: Projektergebnisse übergeben, Projektarbeit abschließen und -organisation auflösen, Nachbetrachtung durchführen.

Damit ein Projekt erfolgreich gestartet und durchgeführt werden kann, müssen Sie zu Beginn im Projektauftrag alle wesentlichen Daten und Rahmenbedingungen festlegen.

- Ausgangslage: Kurz die Grundlage des Auftrages beschreiben.
- Gestaltungsbereich: Alle betroffenen Organisationseinheiten benennen.
- Einflussgrößen: Einzuhaltende Restriktionen und Rahmenbedingungen festhalten.
- Ziele und Ergebnisse: Den quantitativen und qualitativen Nutzen sowie die erwarteten Ergebnisse benennen.
- Aufwand und Kosten: Alle zu leistenden Tage und das Finanzbudget festlegen.
- Projektplanung: Die durchzuführenden Aufgaben auflisten und grafisch darstellen sowie deren Abhängigkeiten demonstrieren.
- Termine und Meilensteine: Start- und Endtermin nennen sowie wichtige, ergebnisorientierte Zwischentermine festsetzen.
- Aufbauorganisation: Die Personen namentlich zuordnen zu den Rollen sowie ihre einzubringende Kapazität aufzeigen.
- Informationen und Projektmarketing: Informationsempfänger und Informanten sowie Termine, Anlässe und Formen der Information festlegen.
- Risikoanalyse: Aufzeigen möglicher Risiken nebst Nennung geeigneter Korrektur- und Steuerungsmaßnahmen.

Die Projektplanung sollte vollständig und in einem angemessenen Detaillierungsgrad erfolgen. In der Projektaufbauorganisation werden die Rollen mit ihren Aufgaben, Kompetenzen und Verantwortlichkeiten definiert. Dabei sollten zumindest folgende Rollen festgelegt sein:

- Auftraggeber: Förderer, Sponsoren und Finanziers des Projektes. Diese bestimmen die Ziele und die Ergebnisse des Projektes.
- Lenkungsausschuss: Dieser setzt sich zusammen aus Führungskräften der vom Projekt betroffenen Bereichen. Sie stellen personelle Ressourcen für das Projekt ab, unterstützen den Projektleiter beim Steuern des Projektes und treffen Entscheidungen.

● **Projektleiter:** Dieser ist verantwortlich für die Planung, Durchführung und den erfolgreichen Abschluss des Projektes. Er führt die Projektmitarbeiter.

● **Projektmitarbeiter:** Sie bringen Fach-Know-how ein und erledigen die ihnen übertragenen Aufgaben

Der Projektablauf sollte systematisch erfolgen und ist dementsprechend zu planen.

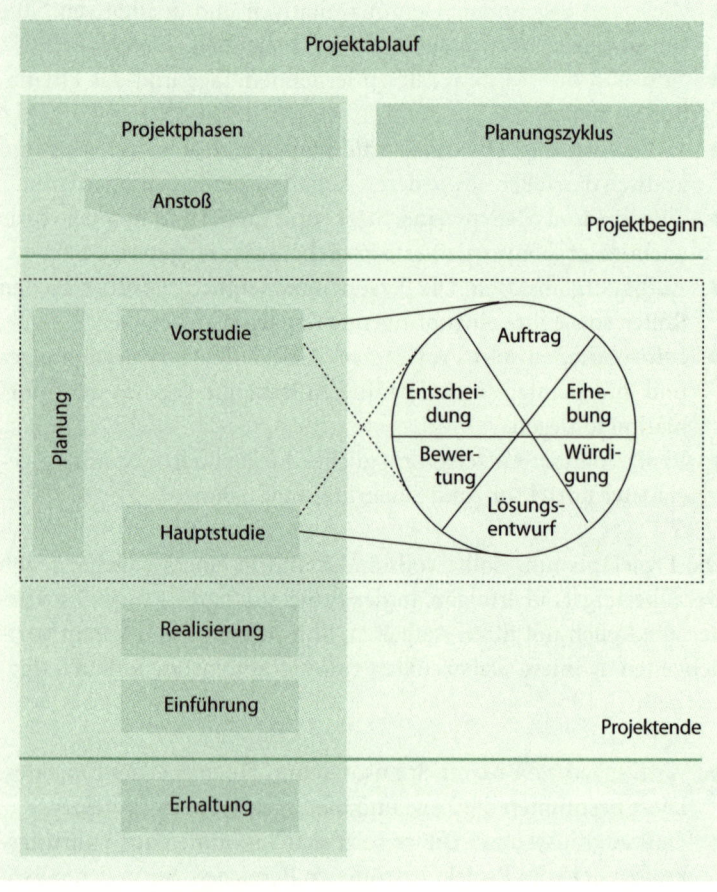

Bei der Projektdurchführung sind in den einzelnen Phasen geeignete **Projektarbeitstechniken** einzusetzen. Die folgende Übersicht stellt diese in Verbindung zum Projektablauf (Projektphasen und Planungszyklus) dar.

Techniken / Phasen	Auftrag	Erhebung						Würdigung			Lösungsentwurf				Bewertung			
	Zielfindung	Interview	Fragebogen	Begehung	Dokumentenstudium	Selbstaufschreibung	ABC-Analyse	Benchmarking	Systematische Problemanalyse	Vernetztes Denken	Brainstorming	Methode 635	Morphologische Analyse	Mind Mapping	Wirtschaftlichkeitsrechnungen	Verbale Bewertung	Nutzwertanalyse	Kosten-Nutzen-Analyse
Vorstudie	✔		✔	✔	✔		✔	✔	✔	✔	✔	✔	✔	✔	✔	✔	✔	✔
Hauptstudie	✔	✔	✔	✔		✔	✔	✔	✔	✔	✔	✔	✔	✔	✔		✔	✔
Realisierung	✔							✔										
Einführung	✔	✔						✔			✔			✔		✔		
Erhaltung	✔	✔	✔	✔				✔	✔	✔	✔			✔		✔	✔	✔

Sowohl beim Planen als auch bei der Durchführung und der Steuerung des Projektes sind die Inhalte des **magisches Dreiecks** (Qualität, Kosten und Zeit) zu berücksichtigen. Das folgende Bild gibt ein Beispiel für geeignete Steuerungsmaßnahmen.

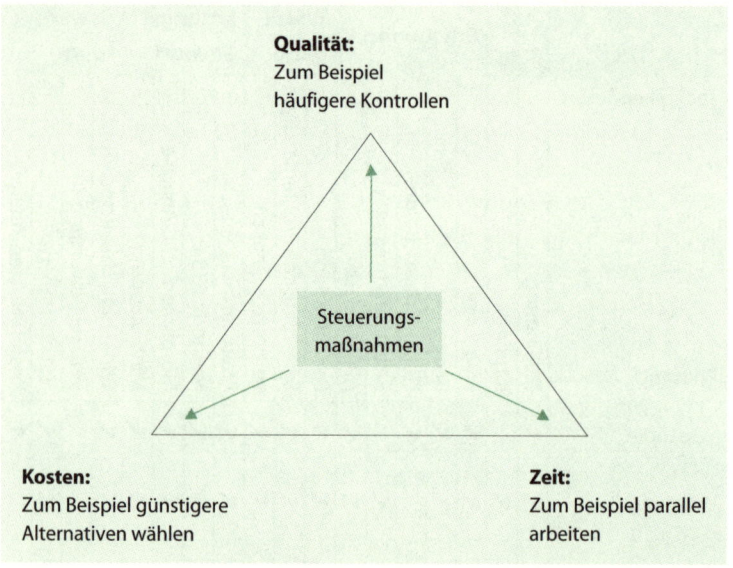

Machen Sie die Betroffenen zu Beteiligten: Jedes Projekt stellt Veränderungsarbeit dar. Damit diese Veränderungen von den Betroffenen akzeptiert werden können, sollten sie rechtzeitig und angemessen beteiligt werden. Folgende Beteiligungsgrade lassen sich dabei unterscheiden: Informationen geben, Meinungen berücksichtigen, Mitarbeit sowie (Mit-)Entscheidung.

Damit verbunden ist eine rechtzeitige und offene Information und Kommunikation. Nichts ist schlimmer, als wenn Betroffene von unbeteiligten Dritten über geplante Veränderungen erfahren! Alle diese Änderungen des Projektes müssen rechtzeitig festgestellt und dokumentiert werden. Ob diese Änderungen in den Projektverlauf integriert werden, muss meist umgehend entschieden werden.

Zusammenfassend können folgende **Erfolgsfaktoren** der Projektarbeit festgehalten werden:

- Ausschließlich Projekte beginnen, die eine solche Organisation und den daraus resultierenden Aufwand rechtfertigen.
- Die Projektmanagementfunktionen aktiv wahrnehmen.
- Nur Projekte starten, die einen klaren Projektauftrag und eine vollständige, nachvollziehbare Projektplanung aufweisen.
- Eine Projektorganisation und die Rollenklarheit aller Beteiligten müssen vorhanden sein.
- Wünschenswert ist ein starker Auftraggeber und Sponsor eines Projektes, der die Ergebnisse erwartet und abnimmt.
- Standardisiertes, systematisches, phasenweises Vorgehen.
- Bei der Projektdurchführung sollten stets geeignete Projektarbeitstechniken eingesetzt werden.
- Jederzeit Strategie, Struktur und Kultur des Unternehmens berücksichtigen.
- Typische Phasen der Veränderungsprozesse berücksichtigen.
- Das magische Dreieck (Qualität, Kosten und Zeit) der Projektarbeit bei der Planung und Durchführung beachten.
- Betroffene zu Beteiligten machen.
- Rechtzeitige und offene Information und Kommunikation.
- Änderungen professionell managen.
- Regelmäßiges Controlling und Berichterstattung durchführen.

Buchtipp: Götz Schmidt: Methoden und Techniken der Organisation. Ein Standardwerk der Organisations- und Projektarbeit.

Entscheidungen treffen

Prioritäten setzen

>»Nur eine bewusste Entscheidung für das Wichtige verhindert eine unbewusste Entscheidung für das Unwichtige.« *Steven Covey*

Ihre Situation sieht vielleicht so aus: Eine Flut von Aufgaben, Terminen und Anfragen stürmt auf Sie ein. Alles soll möglichst sofort und in bester Qualität erledigt werden. Dabei ist Ihr Problem, dass Sie sich nicht im Klaren darüber sind, ob überhaupt und, wenn ja, in welcher Reihenfolge Sie die Aufgaben erledigen wollen. So lautet Ihr Ziel demnach: Sie müssen sich Klarheit über die Wichtigkeit und Dringlichkeit der Aufgaben verschaffen, um die genaue Reihenfolge festlegen zu können.

Legen Sie daher für jede Aufgabe und jedes Projekt eine eindeutige Priorität fest. Nutzen Sie dazu das Eisenhower-Prinzip. Das bedeutet: Unterscheiden Sie zwischen Wichtigkeit (Ziel) und Dringlichkeit (Zeit). Das Wichtige ist selten dringend, und das Dringende ist selten wichtig! Auch wenn es emotional nicht direkt spürbar ist: Wichtigkeit (Ziel) geht vor Dringlichkeit (Zeit). Die Aufgaben werden nach dem Schema auf Seite 101 in A-, B- beziehungsweise C-Aufgaben eingeordnet und entsprechend bearbeitet. Arbeiten Sie jeden Tag mindestens an einer A-Aufgabe!

Damit Sie Prioritäten setzen können, erstellen Sie eine Aktivitätenliste. Am besten fertigen Sie auch hier eine Tabelle an mit den Oberpunkten: Nummer, Was, Stunden, Priorität, Wer, Start, Kontrolle, Ende. In diese Tabelle tragen Sie alle Aufgaben ein. Legen Sie den zeitlichen Aufwand fest. Bestimmen Sie mit Hilfe des Eisenhower-Prinzips die Priorität jeder Aufgabe. Legen Sie fest, wer die Aufgabe durchzuführen hat (Delegation s. S. 156ff.). Führen Sie nur die

Aufgaben selbst und sofort durch (A- beziehungsweise B-Aufgaben), die eine große (Ziel-)Wirkung haben. Delegieren Sie C-Aufgaben und unterlassen Sie jede Aufgabe, die weder wichtig noch dringlich ist. Legen Sie Start-, Kontroll- und Endtermine fest.

Gute Entscheidungen herbeiführen

»Wann, wenn nicht endlich jetzt!« *Albert Einstein*

Sicher befinden Sie sich in folgender Situation: Täglich haben Sie vielfältige Entscheidungen zu treffen. Manche treffen Sie bewusst, andere unbewusst. Vielleicht ist Ihr Problem, dass Ihnen bewusste Entscheidungen schwer fallen. Sie fragen sich: Werden alle notwendigen Informationen berücksichtigt? Wurde an alle möglichen Lösungsvarianten gedacht? Daher heißt Ihr Ziel: Sie möchten innerhalb einer der Bedeutung und Tragweite der Entscheidung angemessenen Zeit gute Entscheidungen treffen, wobei alle notwendigen Informationen eingeflossen sind. Um dieses Ziel zu erreichen, sollten Sie die häufigsten Fehler vermeiden, die beim Treffen von Entscheidungen auftauchen. Zu solchen Fehlern gehören:

- Sie schieben Ihre Entscheidungen auf.
- Sie urteilen zu schnell.
- Sie verlassen sich ganz auf Ihr Gefühl.
- Sie trennen Unwesentliches nicht von Wesentlichem.
- Sie investieren zu viel Energie.
- Sie entscheiden nur das leicht Entscheidbare.
- Sie folgen einfach dem Rat von Experten.

Gute Entscheidungen sind abhängig vom Informationsstand zur Problemlage und zu den möglichen Lösungen. Dazu sollten Sie das Problem möglichst neutral beschreiben und auf bisher gemachte Erfahrungen mit diesen oder ähnlichen Problemen zurückgreifen. Es sollte unbedingt Klarheit über die Ziele und Motive herrschen. Bisweilen ist es auch notwendig, dass Sie sich von bisherigen Erfahrungen und Entscheidungsmustern lösen. Bedenken Sie: Flexibilität im Denken und die Einnahme unterschiedlicher Blickwinkel sowie die Bereitschaft, auch ungewöhnliche Lösungen zuzulassen, erhöhen die Wahrscheinlichkeit guter Entscheidungen. Natürlich müssen Sie wirklich bereit sein, das Problem lösen zu wollen. Die Grenzen der rationalen Entscheidungsfindung sollten Sie sich auch stets vor Augen halten und auch ohne 100-prozentige Sicherheit entscheiden,

Ihr Entscheidungsstil spielt auch eine große Rolle, daher sollten Sie sich Ihres bevorzugten Entscheidungsstils bewusst werden. Williams und Miller (s. Harvard Business Manager 06/02) haben im Laufe eines zweijährigen Projektes die Entscheidungsstile von über 1.600 Führungskräften untersucht und als Ergebnis fünf voneinander abgrenzbare Entscheidertypen ermittelt. Überprüfen Sie anhand der nachfolgenden Beschreibungen, zu welchem Typ Sie gehören.

- **Charismatiker:** Sie lassen sich leicht für neue Ideen begeistern. Aber die Erfahrung hat sie gelehrt, ihre endgültigen Entscheidungen von ausgewogenen Informationen, nicht nur von Gefühlen abhängig zu machen. Typische Charakteristika sind: enthusiastisch, einnehmend, gesprächig, dominant.

- **Denker:** Sie sind schwer zu überzeugen. Ihnen imponieren durch konkrete Daten untermauerte Argumente. Sie sind ausgewogen risikoscheu und benötigen manchmal für Entscheidungen sehr viel Zeit. Typische Charakteristika sind: verstandgesteuert, intelligent, logisch, wissenschaftlich.

- **Skeptiker:** Sie sind äußerst misstrauisch gegenüber allen vorgelegten Fakten, besonders gegenüber Informationen, die ihr Weltbild in Frage stellen. Häufig haben sie einen aggressiven, fast kampflustigen Stil und gelten als Mensch, der alle Verantwortung an sich reißt. Typische Charakteristika sind: fordernd, spaltend, unfreundlich, widerspenstig.

- **Nachahmer:** Sie orientieren sich beim Entscheiden daran, wie sie oder andere von ihnen geschätzte Führungskräfte sich in zuvor ähnlichen Fällen verhalten haben. Sie sind eher risikoscheu. Typische Charakteristika sind: verantwortungsvoll, umsichtig, markenorientiert, kostenbewusst.

- **Kontrolleur:** Sie verabscheuen Ungewissheit und Zweideutigkeit. Sie konzentrieren sich auf die reinen Fakten und die Analyse einer Argumentation. Typische Charakteristika sind: logisch, sachlich, vernünftig, detailbewusst, akkurat, analytisch.

Grundsätzlich gilt: Setzen Sie bei Ihren Entscheidungen Gefühl und Vernunft im richtigen Verhältnis ein. **Bauchentscheidungen** sind angesagt, wenn Sie schnell zu einem brauchbaren Ergebnis kommen wollen; wenn über menschliche Beziehungen zu entscheiden ist; wenn Sie eine Entscheidung unter großer Ungewissheit treffen müssen. **Vernunftentscheidungen** sind besser, wenn Sie es mit einem komplexen Problem zu tun haben; wenn es auf Genauigkeit und präzise Werte ankommt; wenn Sie den Eindruck haben, dass Sie voreingenommen sind.

Was die Entscheidungsstrategie angeht, so haben Henry Mintzberg und Frances Westley (Harvard Business Manager 6/01) drei grundsätzliche Strategien herausgefunden:

- Zuerst »überlegen«: Die rationale Entscheidungsfindung erfolgt in folgenden Schritten: Problem bestimmen, Diagnose erstellen, Lösung konzipieren, Entscheidung treffen. Diese Entscheidungsfindung ist charakteristisch für Wissenschaft, Planung, Programmierung, mündliche Ebene. Es zählen die Fakten. Gut einsetzbar ist diese Strategie unter folgenden Bedingungen: Das Problem ist klar identifizierbar. Die Daten sind zuverlässig. Der Zusammenhang ist wohl strukturiert. Die Gedanken lassen sich klar ordnen. Disziplinierte Vorgehensweise ist möglich. Zum Beispiel eignet sich diese Strategie bei einem gegebenen Produktionsprozess.

- Zuerst »sehen«: Die kreative Entscheidungsfindung erfolgt in folgenden Schritten: Vorbereitung, Inkubation, Erleuchtung, Verifikation. Charakteristisch ist diese Strategie für Kunst, Visionen, Fantasie, visuelle Ebene. Ideen zählen. Gut einsetzbar ist sie unter folgenden Bedingungen: Viele verschiedene Elemente müssen zu kreativen Lösungen zusammengefügt werden. Die Zustimmung anderer zu diesen Lösungen ist notwendig. Eine grenzüberschreitende Kommunikation ist unbedingt erforderlich. Beispielsweise kommt diese Strategie häufig bei der Entwicklung neuer Produkte zum Tragen.

- Zuerst »handeln«: Die experimentelle Entscheidungsfindung erfolgt in folgenden Schritten: Verfügen, Auswählen, Beibehalten. Charakteristisch ist diese Entscheidungsfindung für Handwerk, Wagnisverhalten, Lernen, intuitive Ebene. Erfahrungen zählen. Gut einsetzbar ist sie unter folgenden Bedingungen: Die Situation ist neu und verwirrend. Besondere, komplizierte Bedingungen könnten eintreten. Einige einfache Beziehungsregeln, die den Leuten helfen können, reichen aus, um zum Erfolg zu kommen.

Jetzt haben Sie verschiedene Entscheidungstypen und unterschiedliche Strategien zur Entscheidungsfindung kennen gelernt, nun zeige ich Ihnen Schritte, die einen vollständigen Problemlösungs- und Entscheidungsprozess beschreiben mit den für die einzelnen Schritte hilfreichen Fragen.

- **Ausgangssituation analysieren.** Fragen Sie sich: Ist überhaupt eine Problemlösung beziehungsweise Entscheidung notwendig? Hat das Problem eine hohe Priorität, dass ich jetzt und sofort daran arbeiten muss? Wie genau will ich vorgehen? Welche Techniken möchte ich einsetzen? Wen will beziehungsweise muss ich daran beteiligen und in welcher Form? Wie viel Zeit habe ich dafür?

- **Problem konkret definieren.** Hier helfen folgende Fragen weiter: Was genau ist das Problem? Wer definiert was als Problem? Welche Abweichung besteht zu welchem Soll? Wann tritt das Problem auf und wann nicht? Welche Vorgeschichte hat das Problem? Wann hat es begonnen? Was passiert davor, was danach? Wann ist das Problem nicht da? Mit welchen beobachtbaren Tatbeständen kann ich das Problem beschreiben? Wie wird mit dem Problem umgegangen? Wer ist alles davon betroffen? Wozu dient das Problem? Welche Konsequenzen hat das Problem? Wer hat daraus welche Vorteile? Was würde passieren, wenn das Problem gelöst wäre? Was passiert, wenn nichts passiert? Kurz: Was, wo, wie, wann, wie viel, warum, wo?

- **Ursachenanalyse durchführen.** Fragen Sie sich: Warum existiert das Problem? Welche Zusammenhänge und Abhängigkeiten gibt es? Was sind die möglichen Ursachen? Was ist die wahrscheinlichste Ursache? Wie erkläre ich mir das Zustandekommen des Problems? Wie erkläre ich mir mein Verhalten und das Verhalten der anderen am Problem Beteiligten? Wie sind meine Hypothesen über das Zustandekommen der Situation?

- **Ziele definieren.** Stellen Sie sich die Fragen: Was möchte ich in Bezug auf das Problem erreichen? Was genau sind die Ziele? Woran genau werde ich erkennen, dass ich das Ziel erreicht habe? Wenn ich alles neu gestalten könnte ohne Rücksicht auf irgendwelche Einschränkungen, wie würde es aussehen? Wie kann ich erreichen, dass ... (Idealzustand)? Welche Risiken bin ich bereit, dafür in Kauf zu nehmen? Wie schätze ich die wirklichen Chancen ein, um das Ziel zu erreichen? Bis wann sollen die Ziele erreicht werden? Welche Hindernisse kann es bei der Zielerreichung geben? Welche Konsequenzen ergeben sich, wenn die Ziele erreicht werden, und welche bei Nichterreichung?

- **Lösungsalternativen entwickeln.** Folgende Fragen bringen Sie weiter: Wie kann ich das Problem lösen? Welche Lösungsmöglichkeiten kann es für das Problem geben? Was genau kann alles zur Lösung beitragen? Woran würde ich erkennen, dass das Problem gelöst ist? Was wurde bisher getan, das Problem zu lösen? Wer hat wann und in welcher Form bereits Vorschläge zur Lösung gemacht? Wie wurde damit umgegangen? Wie könnte ich es schaffen, das Problem nicht zu lösen? Was tue ich bereits jetzt dafür? Welche Risiken können auftreten? Wie gehe ich damit um? Welche Lösungsalternativen gibt es? Welche Nutzen bieten die einzelnen Lösungsvarianten?

- **Lösungen bewerten und auswählen.** Fragen Sie sich: Welche Variante sagt mir intuitiv am besten zu? Warum? Wie kann die rational beste Lösungsvariante begründet werden? Wie beurteile ich die Chance der Realisierbarkeit der Lösungsansätze? Was ist, bezogen auf die formulierten Ziele, die beste Lösungsvariante? Bringt mich diese Lösung meinem Ziel näher? Ist es die beste aller Lösungen? Worin unterscheiden sich die Lösungen? Sind das alle Lösungen, oder lässt sich aus deren Kombination eine noch bessere entwickeln? Welchen Preis hat welche Lösung? Erscheint er Ihnen angemessen? Warum? Nach welchen Kriterien will ich die beste Lösung auswählen? Wieso nach diesen Kriterien? Welche Lösung dient der Zielerreichung? Mit welcher Lösung erreiche ich bestmöglich die genannten Ziele? Welche Auswirkung hat welche Lösung/diese Lösung? Was bedeutet das für meine Entscheidung? Für welche Lösung entscheide ich mich? Warum? Auf einer Skala von 1–10: Welche Variante würde welchen Wert erhalten? Warum?

- **Lösungen realisieren.** Wichtige Fragen sind: Welche Maßnahmen habe ich bisher zur Bearbeitung des Problems eingesetzt? Welche Maßnahmen habe ich bisher als zur Bearbeitung des Problems ungeeignet verworfen? Welche weiteren Maßnahmen kommen überhaupt in Betracht? Welche Maßnahmen stehen mit den Zielen in Einklang? Welche Maßnahmen kann und will ich realisieren? Wer muss was tun, damit die Lösung erfolgreich umgesetzt werden kann? Wie wird mit den möglichen Risiken umgegangen? Welche Ergebniskontrollen sind notwendig? Welche konkreten Maßnahmen sind im Einzelnen durchzuführen? Kurz: Wer muss was, wie, wo, bis wann tun?

- **Ergebniskontrolle und -bewertung durchführen.** Fragen Sie: Wie komme ich bei der Realisierung voran? Welche Abweichungen gibt es? Welche Bedeutung haben Sie für den Erfolg? Welche Schwierigkeiten treten auf? Wie gehe ich damit um? Wer müsste welchen Beitrag dafür leisten? Welche Korrekturmaßnahmen sind erforderlich? Was fehlt noch zur Lösung? Ist das Problem beseitigt? Sind die Ziele erreicht? Wenn nein, was fehlt noch dazu? Wie zufrieden bin ich mit der Lösung und Zielerreichung?

Diese genannten Fragen sind lediglich als Anregung gedacht, wählen Sie jeweils die für Sie passenden aus.

Organisation gestalten und formieren

Mitarbeitergespräche führen

»Sprache schafft Wirklichkeit.« *Bernd Schmid*

Ihre Situation: Sie müssen Mitarbeitergespräche aus ganz unterschiedlichen Anlässen führen: Informieren, Delegieren, Ziele vereinbaren, Beurteilungen abgeben, zur Orientierung und Förderung, Feedback, Kritik, Konflikt, Trennung, Motivation, Gehalt, Kontaktpflege und vieles mehr. Ihr Problem besteht darin, dass Sie häufig unvorbereitet in solche Gespräche gehen beziehungsweise sich unsicher sind, wie Sie diese Gespräche genau angehen sollen. Außerdem befürchten Sie, dass Sie selbst oder Ihr Gesprächspartner länger redet als sachlich und menschlich nötig. Ihr Ziel lautet daher: Sie möchten gut vorbereitete Gespräche in angemessener Zeit führen, dabei die Ziele erreichen und konkrete Ergebnisse erzielen. Dabei sollen die Sachziele erreicht werden, ohne dass Gesprächspartner verärgert werden (Sach- und Beziehungsebene pflegen).

Gute Gespräche sind durch eine gute Vorbereitung, Disziplin bei der Durchführung, einen konsequenten Abschluss und eine angemessene Nachbereitung gekennzeichnet. Jedes Mitarbeitergespräch sollten Sie an den vier Schritten Vorbereitung, Durchführung, Abschluss und Nachbereitung orientieren. Im Folgenden finden Sie zunächst einige allgemeine Hinweise für diese Schritte. Im Anschluss daran finden Sie für bestimmte Gesprächsanlässe ergänzende Hinweise und Anregungen.

Eine gute Gesprächsvorbereitung bietet folgende Vorteile: Sie haben klare Ziele und können so auch konkrete Ergebnisse erzielen. Sie sind inhaltlich gut vorbereitet, zeigen Kompetenz und sind für (alle) Eventualitäten gut gewappnet. Sie konzentrieren sich auf das Wesentliche und sparen dadurch Zeit. Ihr Gesprächspartner fühlt sich ernst genommen, denn Sie haben sich gut auf ihn vorbereitet.

Vereinbaren Sie Termin, Ort und Dauer des Gesprächs und halten Sie sich daran. Sorgen Sie für eine angenehme Atmosphäre, halten Sie beispielsweise Getränke, Kekse oder Obst bereit. Stellen Sie zudem sicher, dass Sie nicht gestört werden. Stellen Sie sich zur Vorbereitung folgende Fragen:

- Was ist mein Ziel für dieses Gespräch?
- Welche Ergebnisse will ich erreichen?
- Welche Themen müssen angesprochen werden?
- Was muss ich noch über den Mitarbeiter wissen?
- Wie ist meine Einstellung ihm gegenüber?
- Welche Entscheidungen sind zu treffen?
- Welche Lösungen kann ich mir derzeit vorstellen?
- Welche Unterlagen werden benötigt?
- Welche sollte ich meinem Gesprächspartner vorher zur Verfügung stellen?
- Was will ich unbedingt vermeiden?
- Wie wird der Mitarbeiter reagieren?
- Welche Einwände habe ich zu erwarten und wie will ich damit umgehen?
- Wie will ich vorgehen (Reihenfolge, Zeit)?
- Womit konkret werde ich das Gespräch eröffnen (Atmosphäre schaffen, Kontakt herstellen)?

Die Gesprächsdurchführung beginnt mit einer kurzen Begrüßung. Schaffen Sie eine angenehme Gesprächsatmosphäre. Dazu gehören sowohl allgemeine und persönliche Themen als auch das Bereitstellen von Getränken, Gebäck oder Obst. Nennen Sie bereits bei Gesprächsbeginn: Ziele, Themen und Dauer. Begrenzen Sie das Gespräch möglichst auf maximal 90 Minuten. Kommen Sie dann zügig zu den Zielen und Themen. Schaffen Sie beim Mitarbeiter das Bewusstsein für die Notwendigkeit des Themas. Priorisieren und präzisieren Sie die zu besprechenden Themen. Berücksichtigen Sie sowohl die Sichtweisen Ihres Mitarbeiters als auch Ihre eigenen. Klären Sie Ursachen und Hintergründe auf. Finden Sie die Gemeinsamkeiten und Unterschiede heraus. Entwickeln Sie gemeinsame und tragfähige Lösungen. Verwenden Sie geeignete Gesprächsführungstechniken (s. S. 168). Das bedeutet: Hören Sie aktiv zu. Verwenden Sie Ich-Botschaften. Geben Sie regelmäßig Feedback.

Sprechen Sie Konflikte offen an und suchen Sie gemeinsam nach einer guten Lösung (Konfliktmanagement, s. S. 135ff.). Fassen Sie regelmäßig die Inhalte und den Stand des Gespräches zusammen. Gehen Sie nicht auf neue Gesprächsthemen ein und bringen Sie selbst auch keine zusätzlichen ein.

Beim Gesprächsabschluss fassen Sie die Ergebnisse zusammen. Treffen Sie eine konkrete Vereinbarung. Legen Sie die weitere Vorgehensweise fest. Reflektieren Sie gemeinsam mit Ihrem Mitarbeiter die Zufriedenheit über das Gespräch, bezogen auf Inhalt, Vorgehen, Atmosphäre, Zielerreichung und Ergebnis. Finden Sie einen positiven, motivierenden Abschluss und danken Sie für das Gespräch.

Wenn das Gespräch nicht zum Ende kommt: Stellen Sie Fragen zur nächsten Aktivität. Verwenden Sie bewusst die Körpersprache: Aufstehstützgriff, Unterlagen ordnen, zusammenklappen, Schreibzeug in die Jacke stecken, auf die Uhr schauen (nur in »Notfällen«).

Gesprächsnachbereitung bedeutet: Erstellen Sie ein schriftliches Protokoll. Dazu können Sie bereits während des Gespräches ein Mindmap erstellen. Beachten Sie, dass die ersten Informationen eine kurze Zusammenstellung der wichtigsten Gesprächsinhalte darstellen. Eine weitere Detaillierung ist an der genannten Stelle selbstverständlich möglich. Das Gesprächsprotokoll sollte Folgendes beinhalten:

- Datum des Gesprächs,
- Name des Mitarbeiters,
- Ort beziehungsweise Raum sowie Uhrzeit und Dauer,
- Themen, Ziele, Ergebnisse,
- weitere Vorgehensweise,
- eventuell einzelne Punkte konkretisieren,
- Ort und Datum der Protokollerstellung,
- Verteiler,
- Unterschrift.

Die besonderen Schritte für die in der Praxis am häufigsten vorkommenden Gesprächsanlässe zeigt die folgende Übersicht. Mit Ausnahme des Trennungsgespräches beginnen alle mit der angenehmen Einstimmung und dem positiven Einstieg. Am Ende des Gespräches werden jeweils die Maßnahmen festgelegt und eine Vereinbarung getroffen. Dazu gehören auch der positive Gesprächsabschluss sowie eine Zusammenfassung und die Protokollierung der Ergebnisse.

Zielvereinbarung

- Ziele im abgelaufenen Jahr besprechen.
- Zielerreichung beziehungsweise -abweichung ermitteln.
- Unternehmens- und Bereichsziele für die nächste Periode angehen.
- Daraus vorgesehene Ziele für den Mitarbeiter ableiten.
- Eigene Ziele des Mitarbeiters erfragen.
- Zielvorschläge diskutieren und eine Zielvereinbarung formulieren.
- Notwendige flankierende Maßnahmen ermitteln beziehungsweise nötige Ressourcen bereitstellen.

Orientierung und Förderung

- Aufgaben des vergangenen Jahres klären.
- Stärken und Schwächen erfragen.
- Positive und negative Erlebnisse sowie persönliche Erfahrungen schildern lassen.
- Erreichte Ziele und Ergebnisse sowie Rahmenbedingungen ermitteln.
- Anerkennung zeigen, Zufriedenheit ausdrücken.
- Erwartungen und Vorstellungen über die berufliche Zukunft ermitteln.
- Veränderungswünsche besprechen, Entwicklungsmöglichkeiten aufzeigen.

Beurteilung

- Aufgaben, Anforderungsprofil und Beurteilungsmerkmale offen legen.
- Bezug zu den vorausgegangenen Gesprächen herstellen.
- Rückschau durch den Mitarbeiter anhand der Beurteilungskriterien.
- Rückschau durch die Führungskraft halten: Konkret beobachtete Verhaltensweisen beschreiben sowie die Aufgabenerfüllung und Arbeitsergebnisse, bezogen auf die Beurteilungskriterien, bewerten.
- Übereinstimmungen und Abweichungen besprechen und Konsens herstellen.
- Vorschau durch Mitarbeiter und Führungskraft zwecks Lösung eventueller Probleme.

Kritik

- Sachverhalt darstellen und Problem konkret ansprechen.
- Eigene Enttäuschung äußern.
- Stellungnahme des Mitarbeiters einfordern.
- Sachverhalt klären, Begründung geben.
- Gegebenenfalls Konsequenzen von Fehlverhalten verdeutlichen.
- Neue Erwartungshaltung definieren.
- Meinung und Zustimmung des Mitarbeiters einholen, dabei Einsicht und Verständnis fördern. Mut machen, gegebenenfalls Unterstützung bei der Verhaltensänderung anbieten.

Konflikt

- Eigene Sichtweise darstellen und Konflikt ansprechen.
- Meinungen aller Beteiligten einholen.
- Probleme aufzeigen, die mit dem Konflikt verbunden sind.
- Ziele der Beteiligten klären.
- Unterschiede und Gemeinsamkeiten feststellen.
- Bereitschaft zur Lösung, mindestens jedoch zu einem adäquaten Umgang mit Konflikt einholen.
- Lösungen erarbeiten und auswählen.
- Nur zeitlich befristete Maßnahmen und Vereinbarungen vorschlagen.

Trennung

- Eigene Sichtweise darstellen und Konflikt ansprechen.
- Sofort die Kündigung aussprechen
- Klare Begründung geben, Hintergründe (schwache Leistung, Fusion, Rationalisierung, Sanierung) erläutern. Wichtig ist: keine Rechtfertigung, keine schwammigen Entschuldigungen!
- Kündigungsschreiben übergeben.
- Vertragliche Einzelheiten klären, Trennungskonditionen bekannt geben.
- Reaktion abwarten und Fragen beantworten.
- Ablauf bis zum Austrittstermin festlegen.
- Kommunikation der Kündigung an Kollegen und Kunden klären.
- Gegebenenfalls Unterstützungsmaßnahmen anbieten (Outplacement).

 Buchtipp: Noch viel ausführlicher auf die einzelnen Gesprächsphasen-konzepte geht Siegmar Saul in seinem Buch »Führen durch Kommunikation« (1999) ein.

Veränderungsprozesse gestalten

> Es sind nicht die stärksten der Spezien die überleben, nicht die intelligentesten, sondern die, die am schnellsten auf Veränderungen reagieren können. *Charles Darwin*

Diese Situation kennen sicher viele von Ihnen: Die wirtschaftliche Situation ist angespannt, Mitbewerber drängen in Ihre angestammten Märkte. Ihr Problem ist: Nur durch Kostensenkungsprogramme und »kosmetische«, organisatorische »Verschönerungen« ist die langfristige Überlebensfähigkeit des Unternehmens nicht mehr zu gewährleisten. Daher lautet Ihr Ziel: eine neue Strategie in Ihrem Verantwortungsbereich entwickeln und erfolgreich umsetzen.

Veränderungen finden immer auf den Ebenen Strategie, Struktur und Kultur statt. Nur einseitige Eingriffe helfen in der Regel nicht, und genau dies muss berücksichtigt werden. Daher sind diese Veränderungsprozesse ganzheitlich anzulegen. Im Rahmen von Veränderungsprozessen sind zwei Begriffe zu unterscheiden und zu berücksichtigen: Organisationsentwicklung und Change-Management.

Organisationsentwicklung (OE) ist ein längerfristig angelegter, organisationsumfassender Entwicklungs- und Veränderungsprozess von Organisationen und der in ihr tätigen Menschen. Der Prozess beruht auf dem Lernen aller Betroffenen durch direkte Mitwirkung und praktischer Erfahrung (laut: Gesellschaft für OE). Dabei sollen vorrangig folgende Ziele verfolgt werden:

- **Humanisierung der Arbeitswelt:** mehr Raum für Persönlichkeitsentfaltung und Selbstverwirklichung geben.
- **Leistungsfähigkeit der Organisation erhöhen:** mehr Flexibilität, Veränderungs- und Innovationsbereitschaft fordern.

Change-Management ist die bewusste und professionelle Gestaltung eines Veränderungsprozesses, der zielorientiert und effizient vorgenommene Entwicklungsziele mit Integration und Akzeptanz aller Beteiligten realisiert. Veränderungen werden beispielsweise in folgenden Situationen vorgenommen:

- neue Strategien müssen erarbeitet und umgesetzt werden,
- das Unternehmen wird reorganisiert,
- ein prozessorientiertes Unternehmen schaffen,
- Verkürzung von Bearbeitungszeiten,
- TQM wird eingeführt,
- Kundenorientierung steigern,
- Aufbau einer lernenden Organisation,
- Fusionen von Unternehmen und Bereichen,
- Führungskräfte weiterentwickeln zwecks Qualifizierung für neue Aufgaben,
- Wechsel in der Unternehmensleitung,
- Bewältigung und Lösung von Konflikten zwischen Bereichen und Abteilungen.

Veränderungen setzen Veränderungsbedarf, -bereitschaft und -fähigkeit voraus. Gehen wir nun zunächst auf den Veränderungsbedarf ein. Die häufigsten Fragen, die im Rahmen von Veränderungsprozessen von Betroffenen gestellt werden, sind: Wozu das Ganze? Warum? Warum jetzt? Warum durch ihn? Warum mit mir? Zu wessen Vorteilen? Zu wessen Nutzen? Zu welchen Kosten?

Um nun das Ausmaß der Veränderungen genau beurteilen zu können, müssen Sie überlegen, welche Organisationseinheiten betroffen sind, ob die anstehenden Änderungen das Gesamtunternehmen, einzelne Bereiche oder Abteilungen oder nur Gruppen von Mitarbeitern betreffen. Auch der Zeitpunkt spielt eine wichtige Rolle. Sie sollten sich fragen: Geht es um eine bestimmte Entwicklungsphase der Organisation? Ist das Unternehmen im Moment instabil und sind daher Veränderungen erforderlich? Wurden Veränderungen versäumt und müssen nun nachgeholt werden? Gibt es von außen initiierte Veränderungen (Fusionen, Mitbewerbersituation)?

Auch die notwendige Geschwindigkeit der geplanten Veränderung müssen Sie berücksichtigen: Reicht die Eigendynamik der Organisation oder muss die Veränderung forciert werden? Welche Veränderungsgeschwindigkeit verlangt die Umwelt?

All diese Aspekte sollten in Ihre Überlegungen einbezogen werden. Bei strategischen Veränderungen können Sie folgende Ziele und strategische Optionen in Augenschein nehmen:

Veränderungsziele		
Abbau von Randgeschäft	**Umbau** des Kerngeschäfts	**Aufbau** neuer Geschäftsfelder
Strategische Optionen		
Rückzug aus Randgeschäft	**Präferenzen** im Kerngeschäft	**Transfer** aus dem Kerngeschäft
Konzentration auf Kerngeschäft	**Ergänzung** des Kerngeschäfts	**Neuentwicklung** von Geschäftsfeldern

Weitere Veränderungsinhalte können sein: Visionen, Ziele, Struktur sowie die Unternehmenskultur.

Als Nächstes spielt die Veränderungsbereitschaft eine entscheidende Rolle auf dem Weg, Veränderungen umsetzen zu können. Es lassen sich im Rahmen von Veränderungsprozessen folgende Grunddynamiken beobachten.

- **Auftauen:** Infragestellen überlieferter Strukturen und lieb gewonnener Gewohnheiten und damit das erforderliche Bewusstsein für die Notwendigkeit zur Veränderung schaffen.
- **Bewegen und verändern:** Änderungen entwickeln und einführen. Unterschiedliche Strategien dabei nutzen. Ausdauer und Geduld als Erfolgsfaktoren.
- **Einfrieren:** Festigen der neuen Strukturen und Gewohnheiten durch regelmäßige Rückmeldungen und Modifizierung.

Veränderungsprozesse lassen sich auch in einzelne Phasen aufschlüsseln:

- **Überraschungsphase:** Konfrontation mit einer neuen Situation beziehungsweise neuen Anforderungen und Erwartungen, für die noch kein angemessenes Verhalten existiert. Diskrepanz zwischen Erwartungen und der Realität.
- **Verneinungsphase:** Verneinen und Verdrängen des Neuen sowie der Tatsache, dass eine Änderung notwendig ist. Altbewährte Verhaltensweisen werden beibehalten oder sogar intensiviert.

- **Jammertal:** Das Realitätsbewusstsein wächst. Das Neue, die Andersartigkeit der Situation, der Anforderungen beziehungsweise der Erwartungen werden akzeptiert. Verluste und damit einhergehende Gefühle wie Angst, Wut und Ärger, die mit der Veränderung einhergehen, werden deutlich empfunden.

- **Akzeptanzphase:** Die neue Realität wird erfasst, der Blick nach vorn gerichtet. Es entsteht Optimismus, dass die neue Situation zu bewältigen ist. Neue Verhaltensweisen werden entwickelt.

- **Ausprobierphase:** Neue Verhaltensweisen werden praktiziert. Es ist die Phase des bewussten Lernens und Steuerns neuer Verhaltensweisen. Geduld und Ausdauer sind gefragt.

- **Erkenntnisphase:** Die Gründe für Erfolge und Misserfolge beim Ausprobieren werden erkannt und reflektiert. Die Bedeutung der Veränderung für die persönliche Entwicklung erschließt sich.

- **Integrationsphase:** Die Veränderungen sind Alltag geworden. Es ist kaum bewusst, dass alles mal anders gewesen ist. Die Wahrnehmungs-, Denk- und Handlungsperspektiven haben sich erweitert. Der Veränderungsprozess ist erfolgreich abgeschlossen.

Dieser Prozess findet in Organisationen permanent und bezogen auf unterschiedliche Ziele oder Bereiche parallel statt. Jede dieser Phasen wird in dieser Reihenfolge durchlaufen. Nur dann hat eine nachhaltige Veränderung stattgefunden. Rückschläge, »Ehrenrunden« und Phasen der Stagnation können auftreten. Sie sollten im Sinne der Reflexion daraufhin untersucht werden, welche wichtigen unbewussten Absichten noch nicht ausreichend berücksichtigt wurden. Ehrenrunden bilden damit eine wertvolle Informationsquelle für die weitere Vorgehensweise im Veränderungsprozess.

> »Es gibt vier Klassen von Mitarbeitern:
> Die wenigen, die dafür sorgen, dass etwas geschieht, die vielen, die dafür sorgen, dass nichts geschieht, die vielen, die zusehen, wie etwas geschieht, und die überwältigende Mehrheit, die keine Ahnung hat, was überhaupt geschieht.«
> (*unbekannt*)

In jedem Veränderungsprozess entsteht Widerstand. Er entsteht, wenn Menschen durch (plötzliche) Veränderungen die Orientierung verlieren und dadurch verunsichert werden. Er tritt in unterschiedlichen Formen auf:

	Aktiv	**Passiv**
Offen	● Weitergabe falscher Informationen ● Aggressives Verhalten ● Streik	● Auffallende Passivität ● Antriebslosigkeit, resignative Handlung ● »Dienst nach Vorschrift«
Verdeckt	● Mangelnde Kooperation ● Intrigieren gegen andere ● Sabotage	● Vermehrte Kündigungen und interne Wechsel ● Erhöhter Krankenstand

In Veränderungsprozessen sind bestimmte Verhaltensmuster von den Betroffenen zu unterscheiden. Es gibt Verbündete und Gleichgesinnte, meist eine große Zahl an Unentschlossenen sowie Gegner und Opponenten. Mit diesen unterschiedlichen Veränderungstypen müssen Sie natürlich unterschiedlich umgehen:

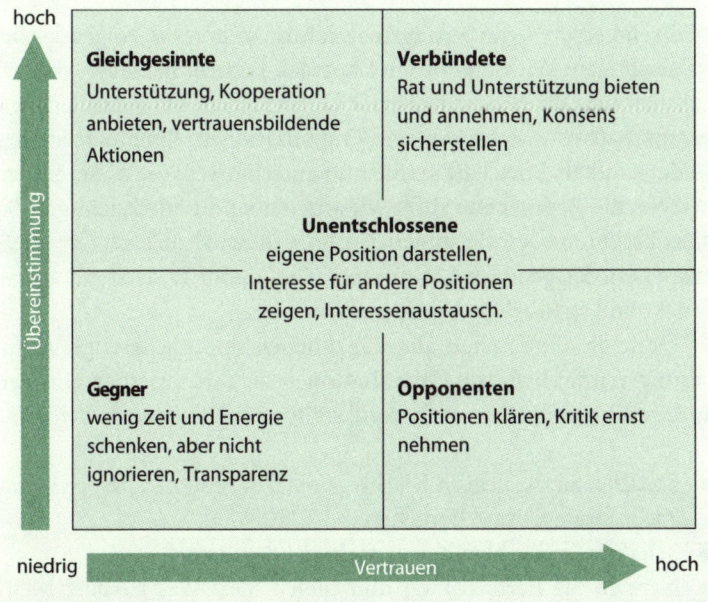

(nach: *Graf-Götz, Glatz*: Organisationen gestalten)

117

Damit der Widerstand nicht zur unüberwindbaren Hürde in Veränderungsprozessen wird, sind schon vor der eigentlichen Veränderung vorbereitende Maßnahmen durchzuführen.

Was	Warum	Ergebnis
Bekannt-machen	Plötzliche und unvorbereitete Veränderungen ergeben Schwierigkeiten	Durch Mitwissen Vertrauen entwickeln
Begründen	Willkürlich erscheinende Veränderungen finden keine Akzeptanz	Durch Mitdenken Zustimmung entwickeln
Erklären	Unklare Veränderungen geben Anlass zu Befürchtungen	Durch Mitsprechen Sicherheit entwickeln
Beteiligen	Durch Beteiligung an Planung und Durchführung werden Veränderungen zur eigenen Sache gemacht	Durch Mitwirken Mitverantwortung entwickeln

Während einer Veränderungsmaßnahme sollten Sie Folgendes berücksichtigen: Widerstände sind normal. Lernen Sie, diese wahrzunehmen und für sich zu nutzen. Glauben Sie an die Veränderungsbereitschaft von Menschen und Organisationen. Erkennen Sie den Widerstand als Botschaft an Sie und entschlüsseln Sie diese. Erkennen Sie die Bedürfnisse Ihrer Mitarbeiter und berücksichtigen Sie diese bei Ihren Veränderungszielen, so weit es möglich ist. Geben Sie immer wieder genügend Raum und Zeit, damit Widerstand ausgedrückt und so bearbeitet werden kann.

Ohne die Bereitschaft aller Betroffenen sind nachhaltige Veränderungen innerhalb von Organisationen nicht realisierbar. Um Veränderungsbereitschaft zu fördern, sollten Sie Folgendes beachten:

- Schaffen Sie zu Beginn Klarheit und Transparenz über Visionen, Ziele, Strategie und Vorgehen.
- Schaffen Sie Problembewusstsein bei den Betroffenen.
- Nennen Sie harte Fakten und fragen Sie: »Was passiert, wenn nichts passiert?«

- Zeigen Sie die negativen Folgen für das Unternehmen und den Einzelnen auf.
- Erzeugen Sie so Leidensdruck.
- Machen Sie klar, dass eine Veränderung ohne Destabilisierung bisheriger Denk- und Verhaltensweisen nicht möglich ist.
- Kündigen Sie die Veränderung an und lassen Sie keinen Zweifel an deren Umsetzung aufkommen.
- Berücksichtigen Sie die Emotionen der Beteiligten und lassen Sie diesen auch bewusst Raum.
- Wandern Sie auf dem schmalen Grad zwischen Verständnis (für Widerstände und Unsicherheit) und nachhaltiger Konsequenz in der Umsetzung notwendiger Veränderungen. Dazu benötigen Sie Geduld, Ausdauer, Selbstdisziplin und Konsequenz.
- Sehen Sie Veränderungen als etwas Normales und Dauerhaftes.
- Nutzen Sie die zwei Grundstrategien der Motivation (s. S. 142).
- Geben Sie klare Zeithorizonte vor.
- Setzen Sie Umsetzungsprojekte in Gang (s. S. 94ff.).
- Nutzen Sie Krisen als Veränderungen beschleunigende Faktoren.
- Sorgen Sie dafür, dass die Mitarbeiter sich verändern können, und unterstützen Sie dies durch begleitende Maßnahmen (beispielsweise Schulung, Coaching, Teamentwicklung).
- Setzen Sie gezielt Agenten der Veränderung (»Change-Agents«) als Motoren und Multiplikatoren ein.
- Richten Sie Feedbackschleifen im System ein, um es auf Kurs zu halten und gegebenenfalls notwendige Korrekturen im Vorgehen vorzunehmen.
- Sorgen Sie für rechtzeitige und offene Information und Kommunikation auf allen Ebenen.
- Stellen Sie sicher, dass schnell sichtbare Erfolge erzielt werden, die den Glauben an die Veränderung erhöhen.
- Berücksichtigen Sie ein angemessenes Veränderungstempo.
- Geben Sie den Betroffenen, aber auch Kunden und Lieferanten Sicherheit zum Beispiel durch das Aufzeigen persönlicher Entwicklungsmöglichkeiten, Perspektiven oder Alternativen.
- Schaffen Sie finanzielle Anreize für die Veränderung.
- Behalten Sie bei allem, was Sie tun, den Blick für die Kunden und den Markt.

- Stärken Sie die Führungs- und Teamfähigkeit.
- Gehen Sie keine Kompromisse ein und sorgen für eine zügige Umsetzung von Entscheidungen.
- Lösen Sie das Dilemma mit der meist knappen Zeit durch eine Doppelstrategie. Setzen Sie einerseits kurzfristige »Schnellkleber« ein, wie beispielsweise gemeinsame Bedrohung und Not (durch einen geeigneten Außenfeind), die zu gemeinsamer Herausforderung führen oder attraktive gemeinsame Ziele. Andererseits sollten Sie einen langfristigen mentalen Entwicklungsprozess anstoßen und konsequent umsetzen.
- Schaffung Sie eine »Fehlerkultur«, innerhalb derer diese erlaubt sind, aber sorgen Sie dafür, dass diese sich nicht wiederholen.
- Schaffen Sie eine neue, gemeinsame Unternehmens- und Verhaltenskultur, indem Sie neue gemeinsame Werte und Grundüberzeugungen etablieren.
- Setzen Sie Symbole und Rituale für die Veränderung und den Übergang in die neue Welt ein (zum Beispiel neues Erscheinungsbild, neuer Slogan, neue Geschichten und Mythen).
- »Konstruieren« Sie notfalls Bedrohungs- und Katastrophenszenarien, um die für eine Veränderung unerlässliche Unruhe in der Organisation zu erzeugen.

Ein **positives Veränderungsklima** bei Führungskräften und Mitarbeitern erkennen Sie an dem Vertrauen aller in die eigenen Fähigkeiten, dem Blick nach vorne, offener Kommunikation auch über Fehler und Misserfolge, der Fähigkeit, Erfolge wahrzunehmen und zu feiern, dem Respekt vor unterschiedlichen Erfahrungen und Sichtweisen, einer langfristigen Zeitorientierung, ausreichender Geduld und Flexibilität.

Nun kommen wir zur **Veränderungsfähigkeit**: Zur konkreten Durchsetzung von Veränderungen lassen sich die drei Grundstrategien rationale Strategie, Machtstrategie sowie Entwicklungsstrategie unterscheiden. Diesen Strategien liegt ein unterschiedliches Menschenbild zu Grunde. Dementsprechend fallen die Motivation für Veränderungen, die Konfliktlösungsstrategien und der gewählte Beratungsansatz verschieden aus.

● Rationale Strategie

– **Menschenbild und Beteiligung:** rationalistisches Menschenbild; Mensch als vernünftiges Wesen – ist primär logischen Argumenten offen.

– **Motivation für Veränderungen:** Motivation über logische Argumente; Einsicht ins Unvermeidliche wird erwartet; Mensch als Nutzenmaximierer.

– **Konfliktlösungsstrategie:** Konflikte sind sachliche Auffassungsunterschiede und daher durch geeignete Bewertungstechniken lösbar.

– **Gewählter Beratungsansatz:** Experten analysieren den Veränderungsbedarf, schlagen Lösungen vor. Gutachten haben einen hohen Stellenwert.

– **Vorteile des Ansatzes:** Gute Systematik von Gesamt- und Teillösungen; schnell, keine Friktionen, Experten bringen Know-how ein.

– **Nachteile des Ansatzes:** Betroffene sind schwer ins Boot zu holen; Verhaltensänderungen bleiben oberflächlich; Betroffene lernen nicht, weil die Annahme, der Mensch sei rational veränderbar, falsch ist.

● Machtstrategie

Menschenbild und Beteiligung: Menschen können durch Macht beliebig gebogen werden; sind an Machterhalt interessiert.

– **Motivation für Veränderungen:** Zwang und Belohnung mit eigenem Machtzuwachs. Angst vor Nichtmitmachen.

– **Konfliktlösungsstrategie:** Anordnung und Vorgaben werden durchgesetzt. Widerstand wird gebrochen.

– **Gewählter Beratungsansatz:** Mächtige ordnen selbst Veränderungen an oder holen sich ihre Vertrauten (Experten). Lösungen werden »verordnet«.

– **Vorteile des Ansatzes:** Man kommt einfach und rasch zu »Lösungen«, weil wenige Beteiligte und wenig Rücksicht auf Argumente und Widerstände genommen wird.

– **Nachteile des Ansatzes:** Veränderungen bleiben äußerlich, werden sabotiert, unterschwelliger Widerstand; Menschen lernen nicht, selbst tätig zu werden.

- **Entwicklungsstrategie**
  - **Menschenbild und Beteiligung:** Mensch als wertvollste Ressource; sachliche und emotionale Seite wird wichtig; Lernfähigkeit vorausgesetzt.
  - **Motivation für Veränderungen:** eigene Entwicklungsmöglichkeiten im Unternehmen; Sinn der Arbeit ist wichtig; Selbstbewusstsein durch Leistung.
  - **Konfliktlösungsstrategie:** aktiver Einbezug in Veränderungsprojekte; offene Information, begründete Entscheidungen; Sachgegner werden nicht eliminiert.
  - **Gewählter Beratungsansatz:** Fachexperten und Betroffene arbeiten gleichberechtigt an Veränderungen. Berater stellen auch Methoden-Know-how bereit.
  - **Vorteile des Ansatzes:** Nutzung des kreativen Potenzials aller Mitarbeiter; Beteiligte sehen eigene Veränderungsnotwendigkeit ein, Zusammenarbeit wird gestärkt; das Unternehmen »lernt«.
  - **Nachteile des Ansatzes:** dauert oft länger; Umwege werden nötig, Systematik leidet, unpopuläre Entscheidungen oft schwieriger zu treffen.

Aus den dargelegten Strategien können Sie auch anhand der Vor- und Nachteile nun für sich und Ihre Organisation entscheiden, welche Strategie sich am besten einsetzen lässt. Die unterschiedlichen Einführungsstrategien sehen Sie in der Tabelle auf Seite 123.

Um Veränderungen zu bewerkstelligen, hat sich in der Praxis das Vorgehen aus der Organisationsentwicklung bewährt. Es ist durch folgende Merkmale gekennzeichnet: prozessorientiertes, transparentes und nachvollziehbares Vorgehen; hoher Grad an Beteiligung der betroffenen Menschen; Sicherstellung der Akzeptanz für Vorgehen und Ergebnisse durch Einrichtung von so genannten Feedback-Schleifen. Die konkreten Phasen des Vorgehens in Veränderungsprozessen sind:

- **Orientierung und Problemerkennung:** Probleme im Tagesgeschäft erkennen und beschreiben. Untersuchungs- und Gestaltungsrahmen definieren.

Strategie	Beispiele
Top-down	Die strategische Neuausrichtung der Organisation wird »runtergebrochen« auf die einzelnen Geschäftsbereiche.
Bottom-up	Kundenorientierung durch Training der Mitarbeiter, die Prozesse und Strukturen werden von diesen selbstständig angepasst.
Bipolar	Vorgabe des strategischen Rahmens durch die Unternehmensleitung. Erarbeitung und Umsetzung durch die Mitarbeiter beispielsweise im Rahmen einer Zukunftskonferenz. Das mittlere Management wird erst später integriert.
Keil	Die Veränderungen beginnen auf der Ebene des mittleren Managements und breiten sich von dort nach oben und unten aus.
Multiple-Nucleus	In unterschiedlichen Geschäftsbereichen werden auf unterschiedlichen Ebenen Veränderungen durch Projekte initiiert und wachsen so Stück für Stück in der Gesamtorganisation.

- **Situationsklärung und Datensammlung:** Informationen sammeln durch Anwendung von Erhebungsmethoden. Erste Veränderungsziele identifizieren.
- **Organisationsdiagnose:** Interpretation der Ergebnisse anhand von Theorien, Modellen, Konstrukten und wissenschaftlichen Erklärungen.
- **Rückkoppelung an das Gesamtsystem:** Die Betroffenen durch Infomärkte, Präsentationen, Diskussionsforen informieren.
- **Ziele festlegen:** Zieldefinition, -formulierung und -gewichtung.
- **Aufbau einer Steuerungsstruktur:** Projektorganisation installieren. Klare Rollenverteilung.
- **Maßnahmen planen:** Projektaufträge und -pläne erstellen, Einzelmaßnahmen planen, Lösungen festlegen (Entscheidungsanalyse, Bewertungstechniken).
- **Maßnahmen durchführen:** Getroffene Maßnahmen bearbeiten, Lösungsansätze entwickeln.
- **Erfolgssicherung:** Veränderungsprozesse absichern durch Rückmeldungen während und nach dem Lösungsprozess, Kontrolle der Erfolgskriterien, Interpretation (Soll-Ist-Vergleich, Vorher-Nachher-Vergleich).

Damit die Entwicklung und Veränderung gelingen können, sind verschiedene Interventionsebenen zu unterscheiden. In jedem Veränderungsprozess sind diese Ebenen zu beachten und können für gezielte Interventionen genutzt werden.

Interventionsebenen			
	Gesamt-organisation	**Gruppe**	**Individuum**
Sachebene	**Organisations-struktur**	**Aufgaben der Gruppe**	**Fachliche Kompetenz**
Inhalte	● Aufbau- und Prozess-organisation	● Arbeitsteilung ● Methoden ● Sachmittel	● Kenntnisse ● Fähigkeiten ● Fertigkeiten
Beziehungs-ebene	**Organisations-kultur**	**Beziehungen in der Gruppe**	**Gefühlsebene**
Inhalte	● Werte ● Normen ● Überzeu-gungen	● Zusammen-arbeit ● Sympathie ● Konflikte	● Wünsche ● Ängste ● Widerstände

Nur eine messbare Veränderung ist eine erfolgreiche Veränderung! Dabei werden harte, quantifizierbare und weiche, qualifizierbare Faktoren unterschieden.

Harte, quantifizierbare Faktoren	Weiche, qualifizierbare Faktoren
● Bearbeitungsdauer eines Vorgangs ● Höhe der Kostensenkung ● Häufigkeit von Besprechungen ● Höhe des Krankenstandes ● Anzahl von Reklamationen ● Anzahl von Überstunden ● Prozentuale Zielerreichung	● Grad der Kunden- beziehungsweise Mitarbeiterzufriedenheit ● Identifikation mit dem Unternehmen ● Grad der Partizipation ● Akzeptanz von Entscheidungen ● Qualität der Arbeitsergebnisse ● Motivation und Engagement der Mitarbeiter

Gerade die Dichte der erforderlichen Veränderungsprozesse führt zu gestiegenen Anforderungen an Führungskräfte in Veränderungsprozessen. Führungskräfte müssen verstärkt bei der Veränderung ihrer Organisation ein Bewusstsein für ihre besondere Verantwortung entwickeln. Sie sollten daher ein Menschenbild kultivieren, das auf Engagement, Initiative und den Leistungswillen der Mitarbeiter setzt, um nachhaltige Unternehmensentwicklung zu ermöglichen. Für die neue Ausrichtung und die angestrebten Veränderungen müssen sie ein Vorbild sein und diesbezüglich ihre eigene Rolle angemessen reflektieren und spürbar verändern. Authentisch, kompetent und angemessenes Selbstbewusstsein sollten herausragende Kennzeichen sein. Veränderungsprozesse sollten sie konsequent und glaubwürdig vorantreiben, neuen Lösungen einen Vertrauensvorschuss geben, interessensausgleichende Lösungen unterstützen und eine darauf ausgerichtete Ressourcenaufteilung ermöglichen (vgl. Oliver Strohm: Change Management zwischen Sachorientierung und Mikropolitik in Wirtschaftspsychologie 1/01, Seite 67).

Realisierung sicherstellen

Ideen finden, kreativ suchen und realisieren

Ideenmanagement

> »Wenn du als Werkzeug lediglich einen Hammer hast, sieht jedes Problem wie ein Nagel aus.« *Abraham Maslow*

Vielleicht sieht Ihre Situation so aus: Ihnen gehen viele gute Ideen durch den Kopf, aber Sie finden nicht genügend geeignete Ideen. Oder Sie finden einmal gehabte Ideen nicht wieder. Ihr Problem: Sie halten Ihre Ideen gar nicht oder nur auf vielen Notizzetteln fest. Sie sind nicht kreativ genug. Ihre Ideensammlung ist schlecht organisiert. Ihr Ziel lautet daher: Alle Ideen sofort schriftlich und übersichtlich festhalten und sie jederzeit verfügbar haben. Immer ausreichende Ideen zur Verfügung haben beziehungsweise diese schnell generieren können.

Zunächst geht es darum, Ideen zu finden und festzuhalten: Ideen kommen oft spontan und zu ungewöhnlichen Gelegenheiten. Insbesondere, wenn Sie gerade nicht daran denken. Halten Sie deshalb Ihre Ideen sofort schriftlich fest. Tragen Sie daher immer Papier und Bleistift bei sich. Noch besser ist ein Zeitplanbuch beziehungsweise ein elektronischer Organizer. Hinterlegen Sie an Orten, die Sie immer wieder aufsuchen, ebenfalls Papier und Bleistift (beispielsweise in der Wohnung, am Arbeitsplatz, im Auto usw.). Nutzen Sie ein Diktiergerät als Speichermedium, insbesondere wenn Sie Papier und Bleistift nicht zur Hand haben oder in die Hand nehmen können (zum Beispiel im Auto). Notieren Sie zunächst alles, was Ihnen einfällt. Mag es Ihnen zunächst noch so absurd oder unwichtig erscheinen. Bewerten und Aussortieren können Sie später. Nehmen

Sie sich auch bewusst Zeit für Ihre Ideenfindung. Planen Sie die entsprechende Zeit und tragen Sie diese als Termin mit sich selbst im Zeitplanbuch/Organizer ein. Halten Sie diese Termine genauso ein wie diejenigen mit anderen Menschen.

Stellen Sie sich zur gezielten Ideensuche eine Ausgangsfrage. Diese soll helfen, Ihren Geist anzuregen. Beispielsweise: »Wie kann ich es schaffen, dass ...«? Orientiert an der Struktur Ihrer Ideensammlung können Sie für jeden Bereich solche Fragen formulieren. Unterschätzen Sie nicht die Fähigkeit Ihres Unterbewusstseins, in der Folge dazu viele weitere Ideen zu produzieren. Verwenden Sie auch ganz gezielt Kreativitätstechniken (s. S. 128).

Sie können Ihre Ideen auch als Mindmap sammeln. Verwenden Sie dazu ein Blatt Papier oder die entsprechende Software. Die Gliederung dieses Mindmaps ist natürlich abhängig vom Thema. Eine allgemein hilfreiche Struktur bieten die folgenden Fragen:

- Was ist die Idee? (Hauptgedanke)
- Worum geht es dabei? (Detaillierung)
- Wozu dient diese Idee? (Nutzen, Anwendung)
- Wie könnte das konkret aussehen? (weitere Konkretisierung)
- Wie lässt sich diese Idee verwenden? Wer könnte das wie einsetzen, wer nicht? (Verwendung, Einsatzmöglichkeiten)
- Was ist noch zu tun? (offene Punkte, nächste Schritte)

Denken Sie auch an die Fähigkeiten und Einstellungen, die ein gutes Ideenmanagement erleichtern: Assoziationen bilden; sich laufend Fragen stellen nach Abläufen, Ursachen und Folgen von Geschehnissen; Mut, an schwierige Probleme heranzugehen; Aufgeschlossenheit und Offenheit gegenüber neuen und unorthodoxen Gedanken; mit offenen Augen und Ohren durch das Leben gehen; Begeisterung und Einsatzfreude für Ihre Aufgaben; Lernbereitschaft; Humor und Fantasie; Fähigkeit zum Spielen.

Wie können Sie nun **Ideen ganz gezielt sammeln**? Überlegen Sie sich zunächst eine sinnvolle Struktur für Ihre Ideensammlung. Beispielsweise nach Ihren Zielbereichen, Rollen, Arbeitsthemen oder Hobbys. Ergänzen Sie Ihre Ideen systematisch mit Hilfe von Kreativitätstechniken. Malen Sie Symbole, nutzen Sie Farben und Pfeile.

Um diese Ideen nutzen zu können, sollten Sie ein intelligentes Ablagesystem entwerfen. Überprüfen Sie auch regelmäßig Ihre Ideen.
Beachten Sie auch, inwieweit sich unterschiedliche Ideen miteinander neu kombinieren lassen und so ganz Neues entstehen kann.
Seien Sie geduldig. Manche Ideen brauchen Zeit zur Reife. Mit einigen Ideen sind Sie vielleicht aber auch einfach der Zeit voraus. Nutzen Sie Ihr Ideenmanagement auch bei der Problemlösungs- und
Entscheidungstechnik.

Kreativitätstechniken

»Wer nicht von Grund auf umdenken kann, wird nie etwas am Bestehen-
den verändern.« *Anwar Sadat*

Sie befinden sich in der Situation, dass Sie für bestimmte Probleme,
Chancen oder Ideen, Lösungen entwickeln müssen. Sie leiden aber
an dem Problem, dass neue Ideen nicht zu Stande kommen. Sie dre-
hen sich im Kreis. Es gibt sowohl innere als auch äußere Blockaden.
Ihr Ziel ist daher: schnell und effizient viele Ideen produzieren und
aus den Ideen gute Gesamtlösungen entwickeln.

Eine wesentliche Voraussetzung, Ihrem Ziel näher zu kommen,
ist: Erlauben Sie sich auch ungewöhnliche Ideen und haben Sie vor
allem Geduld, denn Kreativität lässt sich nicht erzwingen. Die meis-
ten Kreativitätstechniken basieren auf Gruppenarbeit und versuchen, die synergetischen Effekte des Teams zu nutzen. Meist werden
die Beiträge der Beteiligten visualisiert.

Eine typische Besonderheit für alle Kreativitätstechniken ist die
strikte Trennung von Ideensuche und -bewertung. Der Ideenoutput
soll möglichst breit und ungehemmt fließen, ohne durch die sonst
üblichen Killerphrasen gestoppt zu werden. Typische Killerphrasen
im Kreativitätsprozess sind: Das haben wir noch nie so gemacht. Das
ist doch viel zu teuer. Das kauft doch kein Mensch. Das funktioniert
sowieso nicht. Das wird der Chef nie akzeptieren. – Verbieten Sie
ausdrücklich solche Äußerungen.

Ein kreativer Prozess läuft idealtypisch in folgenden Phasen ab:

- Ziele definieren.
- Überblick verschaffen, Problem beschreiben, vorhandene Informationen notieren und Informationsbedarf feststellen.
- Weitere Informationen zusammentragen.
- Lösungsideen sammeln mit Hilfe von Kreativitätstechniken.
- Ideen bewerten.
- Die beste(n) Ideen zu guten Lösungen ausarbeiten.
- Entscheidung treffen.
- Die gefundene Lösung konsequent umsetzen.

Sieben Eigenschaften zeichnen eine kreative Persönlichkeit aus. Genau diese Eigenschaften sollten Sie bei sich und anderen fördern. Es handelt sich dabei um: sensitiv für Probleme sein, flexibles Denken, Originalität, Spaß an der Arbeit, ausgezeichnetes fachliches Knowhow, Ausdauerfähigkeit und sichere Urteilskraft.

Mit Hilfe dieser Eigenschaften können Sie auch den typischen Schwierigkeiten in Kreativitätsprozessen begegnen.

- **Ungeduld:** Berücksichtigen Sie die Inkubationszeit von Ideen. Viele Einfälle kommen in Situationen, in denen Sie sie nicht erwarten, zum Beispiel beim Autofahren.
- **Gedankenblockaden:** Bleiben Sie gelassen, legen Sie eine kurze Pause ein, verändern Sie die Körperhaltung.
- **Unbrauchbare Einfälle:** Gehen Sie »spielerischer« an die Sache heran, verwenden Sie eine andere Kreativitätstechnik, seien Sie geduldig, unterbrechen Sie zunächst den Prozess, um ihn am nächsten Tag fortzusetzen.

Diese möglichen Schwierigkeiten sollten Sie immer einplanen, denn dann können Sie viel gelassener damit umgehen.

Wenn Sie nun eine ganze Reihe von brauchbaren Ideen gefunden haben, kommt es zum nächsten Schritt: zur Bewertung der gefundenen Ideen. Hilfreich können da folgende Fragen sein: Welchen Nutzen bietet die Idee? Welche Stärken und Schwächen hat die Idee? Wie lassen sich die Schwächen minimieren? Ist die Idee realisierbar und, wenn ja, unter welchen Bedingungen? Was bieten im Vergleich dazu die Mitbewerber? Welche Konsequenzen ergeben sich, wenn diese

Idee realisiert werden sollte? Die Osborn-Checkliste kann ebenfalls zur Bewertung herangezogen werden. Sie dient vor allem aber dazu, vorhandene Ideen umzugestalten und weiterzuentwickeln. Gehen Sie nach folgenden Kategorien und Fragen vor.

- **Anders verwenden:** Wie kann man die Idee anders verwenden?
- **Anpassung:** Was ist so ähnlich?
- **Änderung:** Kann man irgendetwas (beispielsweise Bedeutung, Farbe, Form, Größe) verändern oder anders gestalten?
- **Vergrößerung:** Was kann man hinzufügen (zum Beispiel Zeit, Häufigkeit, Stärke, Höhe, Länge, Dicke)?
- **Verkleinerung:** Was kann man wegnehmen (kleiner, tiefer, kürzer, heller, weglassen)?
- **Ersetzung:** Was kann man an der Idee ersetzen (zum Beispiel Personen, Material, Prozess, Räume, Positionen)?
- **Umstellung:** Kann man Teile oder Passagen austauschen, deren Reihenfolge ändern?
- **Umkehrung:** Was lässt sich umkehren (positiv, negativ, Gegenteil, rückwärts, vorwärts)?
- **Zusammenfassung:** Kann man Einheiten kombinieren?

Die nun folgenden Kreativitätstechniken können Ihnen beim Finden und Ausarbeiten von Ideen helfen.

Brainstorming ist wohl die bekannteste Kreativitätstechnik. In der Regel werden Ideen in einer Gruppe gesammelt. Das Ziel ist, möglichst viele Ideen zu finden. Die Teilnehmerzahl kann zwischen zwei und zehn Teilnehmern schwanken. Voraussetzungen für diese Methode sind: Es muss eine konkrete Fragestellung vorliegen, und ein Moderator sollte den Prozess durch Fragen steuern und so die Teilnehmer aktivieren und motivieren. Zunächst werden Ideen gesammelt, dann werden diese Ideen gruppiert und schließlich bewertet. In einer Variante wird die Ausgangsfrage im Sinne eines gegenteiligen Ziels formuliert.

In einem Workshop mit Bankangestellten wird die Frage gestellt: Wie können wir es schaffen, auf unsere Bank einen perfekten Überfall durchzuführen?

30 bis 60 Minuten sollte für ein Brainstorming anberaumt werden. Keinesfalls sollten in dieser Zeit Störungen auftreten. Die Regeln für alle lauten: Kritik ist untersagt, sofortige Visualisierung aller Ideen, alle Ideen sind willkommen. Quantität geht vor Qualität. Als Material sollten Pinnwände, Moderationskarten und Stifte vorliegen. Bei den Einsatzmöglichkeiten dieser Methode gibt es keinerlei Beschränkung, sie ist daher vielfältig einsetzbar und weit verbreitet. Unerlässlich ist es aber, die Regeln konsequent zu beachten.

Bei der Methode 635 handelt es sich um eine schriftliche Problemlösungskonferenz: Sechs Teilnehmer sammeln je drei Vorschläge innerhalb von fünf Minuten und wiederholen diesen Vorgang fünfmal. Ziel ist es, entweder möglichst viele Ideen zu finden oder 18 Ideen zu konkretisieren. Die ersten drei Ideen werden dann mit Hilfe des unten stehenden Formulars weiter ausgearbeitet. Wird eine Vielzahl an Ideen angestrebt, ist jeder Teilnehmer frei in der Ideengewinnung.

Fragestellung: Wie schaffen wir es, ...?						
	Name	Name	Name	Name	Name	Name
1. Vorschlag						
2. Vorschlag						
3. Vorschlag						

Voraussetzung für diese Methode ist, dass eine konkrete Fragestellung zu einem einfachen Problem vorliegt und das Formular benutzt wird. Zunächst wird die Vorgehensweise erläutert und das Formular verteilt. In der ersten Runde werden die Namen eingetragen und drei Ideen gesammelt. Das Formular wird dann an den linken Teilnehmer weitergegeben. Wieder werden fünf Minuten lang drei Ideen gesammelt. Diese Prozedur wird noch vier weitere Male wiederholt. Anschließend werden die Ergebnisse zusammengeführt und ausgewertet. Für die Dauer sind 30 Minuten einzuplanen. Diese Methode ist vom Ort unabhängig und kann auch im Umlaufverfahren erfolgen. Als Regel gilt, dass die Zeitvorgabe eingehalten werden soll. Als Material sind das Formular und Stifte notwendig. Die Einsatzmöglichkeiten beschränken sich auf einfache Probleme, da die Zeitvorgabe die Teilnehmer unter Druck setzt und sich dieser Zeitdruck bei schwierigeren Problemen nachteilig auswirkt.

Mit Hilfe des morphologischen Kastens können systematisch Ideen gefunden werden. Die Merkmale der Ideen werden tabellarisch dargestellt ebenso wie die dazugehörigen Ausprägungen für die Lösung. Das Ziel ist die Kombination von Lösungen durch unterschiedliche Zusammenstellung der Ausprägungen. Diese Methode kann man allein durchführen oder in der Gruppe bis zu sechs Personen. Voraussetzung ist auch hier eine konkrete Fragestellung. Die Merkmale der Lösung sind bereits bekannt. Zunächst wird das Problem definiert, und dann werden die Merkmale festgelegt. Anschließend werden Ausprägungen und Lösungsvarianten gesucht und gefunden. Daraus wird eine Matrix erstellt. So können mehrere Lösungskombinationen entwickelt und die beste Lösungsvariante bestimmt werden. Im Folgenden sehen Sie dies am Beispiel »Urlaubsreise planen«.

Merkmale	Ausprägungen			
Jahreszeit	Frühjahr	Sommer	Herbst	Winter
Planung durch	Selbst	Pauschal-reise	Selbst mit Reisebüro	
Anreise	Auto	Bahn	Auto/ Reisezug	Flug
Unterkunft	Hotel	Pension	Ferien-wohnung	Bei Freunden
Aktivitäten	Sport/ Wandern	Land und Leute	Kultur	Lesen
Ziel	Gebirge	Nord-/ Ostsee	Mittelmeer	Griechen-land
Variante 1: – – – – –				
Variante 2: ———				
Variante 3: ··········				

Für diese Methode sollte man mindestens eine und höchstens sechs Stunden einplanen. Auf jeden Fall sollten in dieser Zeit keinerlei Störungen erfolgen. Als Regel gilt: Immer nur ein Ausprägungsmerkmal darf je Zeile genannt werden. Als Material können Pinnwände, Moderationskarten und Stifte zum Einsatz kommen. Die besten Einsatzmöglichkeiten für diese Methode sind die Neukombination bewährter Lösungen oder die Weiterentwicklung bestehender Konzepte. Viele lieben diese systematische und übersichtliche Vorgehensweise. Das Tabellenschema kann aber auch einengend wirken. Das sollten Sie ebenfalls beachten.

Die Reizworttechnik dient zum Sammeln von Ideen durch Assoziation mit einem zufällig ausgewählten Begriff. Auf diese Weise lassen sich viele originelle Ideen finden. Diese Methode können Sie alleine durchführen oder in der Gruppe mit bis zu sechs Teilnehmern. Eine konkrete Fragestellung muss vorliegen, um sich auf das Reizwort einlassen zu können. Zunächst wird das Problem vergegenwärtigt und dann das Reizwort ausgewählt. Dieses Reizwort kann man beispielsweise aus einem Wörterbuch ganz zufällig herausgreifen. Anschließend wird das Reizwort analysiert zum Beispiel mit Hilfe von Fragen wie: »Was zeichnet es aus?«, »Wozu benutzt man es?« Dann wird ein Bezug zum Problem hergestellt durch die Verbindung zwischen der Reizwortanalyse und der Problemstellung.

Sie wollen ein neues Produkt entwickeln, beispielsweise einen besonderen Damenring. Wählen Sie eine vierstellige Ziffer, zum Beispiel 3248, nehmen Sie einen Duden zur Hand und suchen Sie auf Seite 324 das achte Wort. Angenommen es lautet »Rotwein«. Überlegen Sie nun, was Ihnen alles zu Rotwein einfällt. Dies könnte beispielsweise sein: flüssig, lässt sich nur in einem Gefäß aufbewahren, kräftige Farbe, herber Geschmack und so weiter. Setzen Sie im nächsten Schritt die gefundenen Assoziationen in Bezug zu Ihrer Aufgabe, einen besonderen Damenring zu entwerfen. Als Ergebnis könnten Sie auf folgende Ideen kommen: Ring mit einem Aufsatz, in dem sich viele kleine rote Rubine frei bewegen, Ring aus Rotgold mit einem Aufstecker der in unterschiedlichen Rottönen changiert, Ring mit Weingeschmack und vieles mehr.

Auf diese Art können Lösungen für die Problemstellung gefunden werden. Eine Stunde sollte man unbedingt einplanen. Folgende Regeln gelten: Kritik ist untersagt, alle Ideen sollten sofort visualisiert werden, alle Ideen sind willkommen, Quantität geht vor Qualität. Um das Reizwort auszuwählen, benötigt man als Material ein Wörterbuch, eine Zeitschrift oder eine Liste mit Zufallswörtern. Gute Einsatzmöglichkeiten finden sich im Bereich der Produktentwicklung oder in der Werbung, denn es kommen viele originelle Ideen zu Stande. Die Methode ist leicht anwendbar und daher auch vielfältig einzusetzen.

Mit der Methode Synektik und Verfremdung werden Ideen in einer Gruppe durch gedankliche Entfernung vom ursprünglichen Problem gesammelt. Das Ziel ist: ungewöhnliche Ideen für ein schwieriges Problem zu finden. Vier bis acht Teilnehmer sind als Teilnehmerzahl optimal. Wieder muss eine konkrete Fragestellung vorliegen. Ein Moderator sollte hinzugezogen werden, der den Prozess durch Fragen steuert und so die Teilnehmer aktiviert und motiviert. Wichtig sind: eine entspannte Atmosphäre, ausreichend Zeit, die Kenntnis des Verfahrens sowie die Erlaubnis zum »Spinnen«.

Zunächst wird das Problem formuliert. Dann werden mit Hilfe von Brainstorming möglichst viele Ideen gefunden. Sofern es sich aus diesem Schritt ergibt, muss das Problem neu formuliert werden. Ansonsten direkte Analogien bilden. Direkte Analogien können zum Beispiel aus dem Bereich der Natur, Technik, Geschichte oder Sport gebildet werden. Dabei helfen Fragen wie: »Wie löst die Natur unser Problem?«, »Was können wir aus der Geschichte ableiten?« – Aus allen Antworten wird eine ausgewählt und eine persönliche Analogie gewählt beispielsweise mit der Frage: »Wie fühle/verhalte ich mich als …?« Anschließend wird aus allen Antworten wieder eine ausgewählt und eine zweite direkte Analogie gebildet zum Beispiel aus dem Bereich Technik: »Auf welche technischen Geräte oder Verfahren könnte die vorher gefundene Antwort zutreffen? Dann werden alle Analogien analysiert und die gefundenen Merkmale zusammengeführt. Anschließend werden die Ergebnisse auf die Merkmale des Ausgangsproblems übertragen und Lösungsansätze formuliert. Für diese Methode sollte ein halber bis ein ganzer Tag zur Verfügung stehen. Auch hier gilt: keine Störungen, Kritik ist untersagt, sofortige Visualisierung aller Ideen, alle Ideen sind willkommen, Quantität geht vor Qualität. Mit Disziplin sollte ganz konsequent die Umsetzung erfolgen. Eingesetzt werden können Pinnwände, Moderationskarten und Stifte. Diese Methode wird vor allem bei besonders schwierigen Problemen eingesetzt. Diese anspruchvolle Technik setzt einen entsprechenden Rahmen voraus. Das sollten Sie bedenken.

Konfliktmanagement verbessern

»Bewahre mich vor dem naiven Glauben, es müsste im Leben alles glatt gehen. Schenke mir die nüchterne Erkenntnis, dass Schwierigkeiten, Niederlagen, Misserfolge, Rückschläge eine selbstverständliche Zugabe zum Leben sind, durch die wir wachsen und reifen.« *Antoine de Saint-Exupery*

Ihre Situation: Sie haben Meinungsverschiedenheiten oder Konflikte mit Kollegen und Mitarbeitern oder auch mit Ihrem Vorgesetzten. Ihr Problem ist, dass die Kommunikation stockt. Ergebnisse sind gefährdet. Unwohlsein und Unsicherheit breiten sich nicht nur bei Ihnen aus. Ihr Ziel lautet daher: die Meinungsverschiedenheiten möglichst klären und die Konflikte lösen. Die Kommunikation sollte wieder störungsfrei verlaufen. Konflikte sollen offen angesprochen und konstruktiv nach gemeinsamen Lösungen gesucht werden.

Der erste Schritt besteht darin, die Konflikte zu erkennen. Konflikte beziehen sich meist auf unterschiedliche Beteiligte: intrapersonelle Konflikte (innerhalb einer Person), interpersonelle Konflikte (zwischen zwei oder mehreren Personen) sowie Konflikte zwischen Gruppen. Dabei sind die Konfliktarten und -ursachen meist vielfältig:

- Strukturelle Konflikte entstehen aus organisatorischen Gegebenheiten.
- Bewertungskonflikte entfalten sich aus unterschiedlicher Wahrnehmung und Beurteilung von Situationen.
- Zielkonflikte entstehen aus Differenzen bei den Motiven und Absichten.

- Verteilungskonflikte erwachsen aus dem Kampf um Anerkennung und knappen Ressourcen.
- Rollenkonflikte kommen durch die unterschiedlichen Anforderungen an eine Person.
- Beziehungskonflikte entwickeln sich aus den Unterschieden in der Persönlichkeit und den Eigenarten der beteiligten Personen.

Konflikte entstehen häufig auf der (emotionalen) Beziehungsebene. Typischerweise durchlaufen sie folgende Phasen bis zum »bitteren« Ende: Verhärtung, Debatte, Taten, Koalitionen, Gesichtsverlust, Drohstrategien, begrenzte Vernichtungsschläge, Zersplitterung, gemeinsam in den Abgrund.

Um es nicht bis zum bitteren Ende kommen zu lassen, sollten Sie daher erkannte Konflikte genau diagnostizieren. Um die Komplexität eines Konfliktes transparent zu machen, können Sie sich anhand der folgenden Kriterien und den dazugehörigen Fragen orientieren.

- Art: Wie zeigt sich der Konflikt? Um welche Art von Konflikt handelt es sich?
- Streitpunkte, Thema: Welche Streitfragen oder Reibungspunkte gibt es? Sind diese für alle Parteien gleich? Kennen die Parteien gegenseitig diese Streitpunkte? Hängen diese Streitpunkte miteinander zusammen? Was sind die Kernstreitpunkte?
- Ursachen: Wozu dient der Konflikt?
- Beteiligte: Wer ist am Konflikt beteiligt? Welche Personen spielen im Konflikt eine zentrale Rolle? Wer hat welche Rolle in dem Konflikt? Wer hat welche Anteile am Konflikt(-geschehen)?
- Werte: Wie denken die Konfliktparteien prinzipiell über Konflikte? Welche innere Haltung und welche Einstellung haben die Parteien zueinander? Welche Bedürfnisse treiben den Konflikt an (zum Beispiel Sicherheit, Kontakt, Integrität, Sinn)?
- Ziele: Was wollen die Beteiligten mit diesem Konflikt erreichen? Welche Risiken sind sie bereit, dafür in Kauf zu nehmen? Wie schätzen die Parteien ihre wirklichen Chancen ein, um ihr Ziel zu erreichen? Wer hat das größte Interesse an einer Konfliktlösung? Warum?

- **Verlauf:** Wie ist der Konflikt entstanden? Welchen Verlauf hat der Konflikt? Welche Vorgeschichte hat der Konflikt? Wie wird der Konflikt ausgetragen? Wo gab es Wendepunkte oder »Knackpunkte«? Wann hat der Konflikt an Intensität gewonnen? Was erleben die Beteiligten selbst als die kritischsten Momente im bisherigen Verlauf? In welcher Phase befindet sich der Konflikt? Ist der Konflikt relativ stabil oder sehr explosiv?

- **Beziehungen:** Wie sind die Positionen und die Beziehungen zwischen den Beteiligten formell umschrieben? Welche Abhängigkeitsbeziehungen bestehen (organisatorisch, emotional)?

- **Verhaltensweisen:** Wie gehen die Beteiligten miteinander um? Welche Konfliktstile werden bevorzugt verwendet? Wie nehmen die Parteien einander wahr und welche Verhaltensmuster resultieren daraus? (zum Beispiel Opfer, Retter, Verfolger)

- **Umfeld:** Welchen Einfluss haben Rahmenbedingungen und Kontext auf den Konflikt?

- **Lösungen:** Wer hat wann und in welcher Form bereits Vorschläge zur Lösung gemacht? Wie wurde damit umgegangen? Wie können wir es schaffen, den Konflikt nicht zu lösen? Was tun wir bereits jetzt dafür?

- **Auswirkungen:** Wozu dient der Konflikt? Welche Konsequenzen hat der Konflikt? Wer hat daraus welche Vorteile beziehungsweise Nachteile? Was würde passieren, wenn der Konflikt gelöst wäre? Was passiert, wenn nichts passiert?

- **Ergebnis:** Ist der Konflikt bereinigt? Was tut jede Seite, um mit dem Konflikt konstruktiv zu leben? Wo und wann könnte der Konflikt wieder aufflammen? Was fehlt noch zur Lösung? Wer müsste welchen Beitrag dafür leisten? Wer müsste den ersten Schritt machen?

Bei jedem Konflikt müssen Sie auch die unterschiedlichen Konfliktstile unterscheiden, die Sie auf Seite 138 dargestellt finden.

Anschließend geht es darum, die Konflikte konstruktiv zu lösen. Eine Lösung setzt voraus, dass alle Beteiligten ein wirkliches Interesse daran haben! Berücksichtigen Sie bei allen Konfliktverhandlungen das Prinzip Menschen und Probleme getrennt voneinander zu behandeln. Konzentrieren Sie sich auf die Interessen der Beteiligten

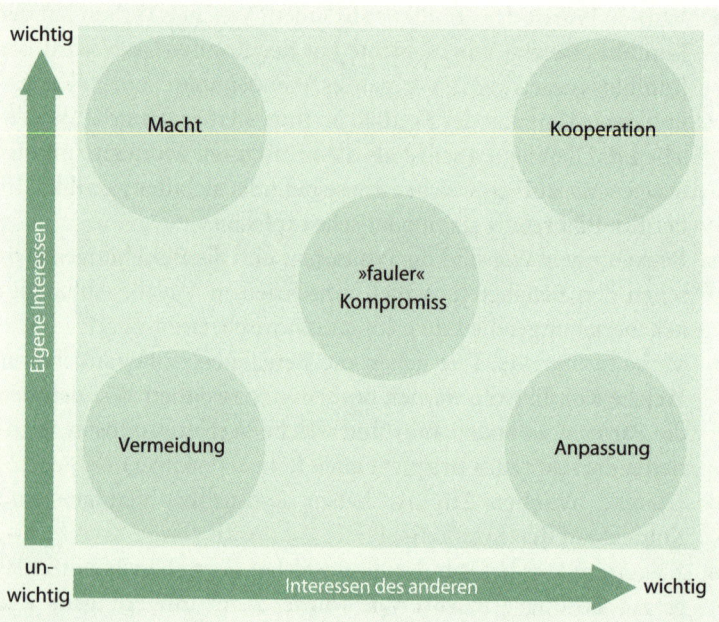

nicht auf deren Positionen. Optionen müssen zum beiderseitigen Vorteil entwickelt werden. Beachten Sie auch die fünf Stufen der Konflikthandhabung:

Rational	Emotional
1. Streitpunkte auflisten.	1. Konflikt wahrnehmen.
2. Streitpunkte priorisieren.	2. Eigene Empfindungen bewusst machen.
3. Detaillieren, zergliedern.	3. Fähigkeit, Gefühle zu äußern und die eigene Erregung zu kontrollieren.
4. Zusammenfassen, integrieren.	4. Sprachliches Verständigungsvermögen.
5. Auf die richtige Ebene bringen (Sache, Gefühle, Beziehungen).	5. Bereitschaft zum Gespräch besitzen und signalisieren.

Wenn Sie Ihren »Partner« für ein Konfliktgespräch gewinnen konnten, gehen Sie in folgenden Schritten vor: Vereinbaren Sie zu Beginn objektive Kriterien, anhand derer die Lösungsmöglichkeiten gemessen und bewertet werden. Legen Sie den Konflikt aus Ihrer Sicht dar. Sagen Sie, was Sie stört, als Ich-Botschaft. Nennen Sie Ihr Ziel für dieses Gespräch. Fordern Sie Ihren »Partner« auf, seine Sicht der Dinge und seine Ziele, bezogen auf das Gespräch und die Konfliktlösung, zu nennen. Klären Sie Ihre gegenseitigen Interessen. Prüfen Sie gemeinsam, welche Übereinstimmungen es gibt. Überdenken Sie die Auswirkungen und Konsequenzen einer Konfliktlösung, aber auch einer Nichtlösung! Sammeln Sie beide zunächst alle möglichen Ideen und bewerten Sie diese erst im zweiten Schritt. Bedenken Sie die vereinbarten objektiven Kriterien. Wenn immer möglich treffen Sie eine (vorläufige) Vereinbarung. Konkretisieren Sie, wer was bis wann macht. Vereinbaren Sie einen weiteren Termin, an dem Sie Fortschritte und den Umgang mit der Vereinbarung überprüfen. Treffen Sie beim folgenden Termin eine »endgültige« Vereinbarung. Vereinbaren Sie auch vorbeugende Maßnahmen, damit Konflikte in Zukunft besser gehandhabt werden können.

Gerade in Beziehungen, die auf einer gewissen Abhängigkeit und Dauer basieren, hat sich das Kooperationsmodell »tit for tat« (wie du mir, so ich dir) gut bewährt.

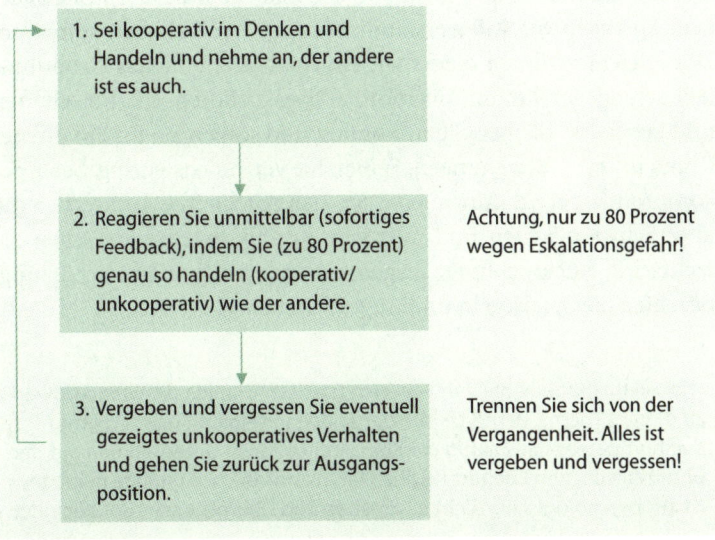

1. Sei kooperativ im Denken und Handeln und nehme an, der andere ist es auch.

2. Reagieren Sie unmittelbar (sofortiges Feedback), indem Sie (zu 80 Prozent) genau so handeln (kooperativ/unkooperativ) wie der andere.

Achtung, nur zu 80 Prozent wegen Eskalationsgefahr!

3. Vergeben und vergessen Sie eventuell gezeigtes unkooperatives Verhalten und gehen Sie zurück zur Ausgangsposition.

Trennen Sie sich von der Vergangenheit. Alles ist vergeben und vergessen!

Dabei sind folgende Regeln zu berücksichtigen:

- Es ist besser, »nett« zu sein, als »böse«, das heißt, beginnen Sie nie, unkooperativ zu sein. (1.)
- Verhalten Sie sich reaktiv und handelt Sie sofort und konsequent mit angemessenen (80 Prozent) Sanktionen. (2.)
- Bleibt die andere Seite unkooperativ, zeigen Sie deutlich die Konsequenzen auf und reagieren Sie ebenfalls unkooperativ. (2.)
- Sie müssen schnell vergeben können. (3.)

Hält das unkooperative Verhalten trotz mehrmaliger Kooperationsversuche an, ziehen Sie Zwischenbilanz: Fällt diese negativ aus und sind Ihre Erwartungen im Hinblick auf eine weitere Zusammenarbeit gering, sollten Sie die Kooperation aufkündigen. List und Tücke bringen Sie nicht zu einem positiven Ausgang. Eine stabile, beiderseits einträgliche Beziehung etabliert sich am ehesten durch klares, berechenbares Vorgehen. Mit Hilfe dieser Strategie ist das eigene Verhalten für den anderen vorhersagbar. Machen Sie ihm das klar und legen Sie Ihre Strategie offen. So wird dessen Verantwortlichkeit für die Gestaltung einer kooperativen Zusammenarbeit deutlich.

Natürlich ist es am besten, Konflikten vorzubeugen. Sammeln Sie nicht Probleme und Konflikte wie manche Menschen Briefmarken. Sprechen Sie Missverständnisse und Unklarheiten sofort an. Das erleichtert Ihnen die Arbeit enorm. Nutzen Sie das Grundmodell gelungener Kommunikation: aktives Zuhören, Ich-Botschaften und Feedback. Bleiben Sie in Kontakt und sorgen Sie für ein offenes Klima in Ihren Beziehungen. Seinen Sie vertrauenswürdig. Seien Sie kompromissbereit. Informieren Sie sich regelmäßig und rechtzeitig über Schwierigkeiten und mögliche Konfliktpotenziale. Geben Sie rechtzeitig Rückmeldung. Zeigen Sie anderen Ihre Wertschätzung. Beachten Sie Spielregeln und ungeschriebene Gesetze.

 »Konfliktmanagement« von Friedrich Glasl ist für mich das Standardwerk zu diesem Thema. Bernd Le Mar behandelt in seinem Buch »Kommunikative Kompetenz« ausgiebig die Kommunikation in Unternehmen auf den unterschiedlichen Ebenen. Regina Mahlmanns Buch »Konflikte managen« ist aus psychologischer Sicht als Einstieg und Überblick sehr gut geeignet.

Motivation erhöhen

»Wer lobt, streichelt mit Worten.« (*aus Italien*)

Sie befinden sich vielleicht in folgender Situation: Die Arbeitsleistungen Ihrer Mitarbeiter lassen nach. Neue Aufgaben werden nicht gerade mit Freude übernommen. Ihr Problem ist, dass Ihre Mitarbeiter nicht ausreichend motiviert sind. Ihr Ziel heißt daher: Ihre Mitarbeiter sollen wieder Spaß und Freude an der Arbeit haben und diese eigenverantwortlich und motiviert angehen.

Motivation kommt vom lateinischen »movere« = eine Bewegung auslösen. Sie ist ein zielgerichteter Prozess, der durch ein Motiv (Mangelempfinden, das beseitigt werden will) ausgelöst wird. Motivation bedeutet, dass Sie Ihr Verhalten auf ein ganz bestimmtes Ziel ausrichten. Sie ist ein Prozess, der in folgenden Schritten abläuft:

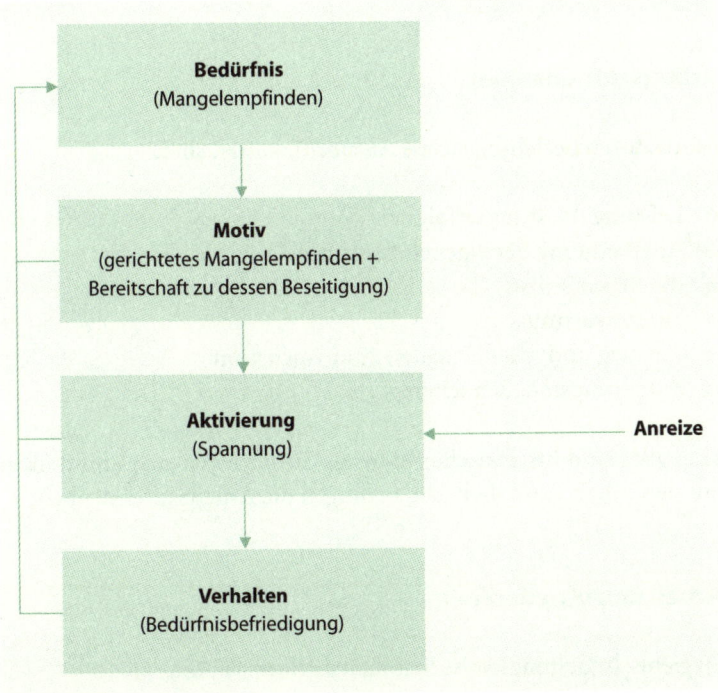

Es gilt, zwei grundsätzliche Motivationsstrategien zu unterscheiden:

- **Die Weg-von-Strategie:** Sie ist gekennzeichnet von Angst, Wut, Schmerz, Trauer, Demütigung, Krankheit. Unangenehme Folgen drohen, daher sollen die Konsequenzen vermieden werden.
- **Die Hin-zu-etwas-Strategie** hat die Kennzeichen Glück, Erfolg, Selbstbewusstsein, Ausstrahlung, Reichtum, Liebe, Macht. Die Ziele sind eigentlich bequem zu erreichen.

Grundsätzlich sind beide Strategien nützlich. Da sie mit unterschiedlichen emotionalen Zuständen verbunden sind, ist es sinnvoll, sie miteinander zu koppeln. Verbinden Sie den (erwarteten) Leidensdruck mit einem anregenden Bild einer positiven Zukunft.

Um herauszufinden, wann und wodurch Mitarbeiter mit ihrer Arbeit zufrieden sind, hat Herzberg sich intensiv mit dieser Frage auseinander gesetzt. Aus den Ergebnissen seiner Untersuchungen hat er zwei Einflussgrößen dafür identifiziert.

Arbeitszufriedenheit

Motivatoren beziehungsweise Anspornfaktoren sind:

- Leistung, Leistungserfolg;
- Anerkennung der eigenen Leistung;
- die Arbeit selbst;
- Verantwortung;
- Aufstieg und Möglichkeiten zum Wachstum;
- Entfaltungsmöglichkeiten.

Dies alles sind intrinsische Faktoren. Sie beziehen sich unmittelbar auf den Inhalt der Arbeit und bedingen die Arbeitszufriedenheit.

Arbeitsunzufriedenheit

Hygiene- beziehungsweise Stabilitätsfaktoren sind:

- Führungsstil;
- Unternehmenspolitik, -verwaltung;
- Arbeitsbedingungen;
- Beziehungen zu Gleichgesinnten, zu Unterstellten und zu Vorgesetzten;
- Status und Gehalt;
- Arbeitssicherheit;
- persönliche berufsbezogene Lebensbedingungen.

Hierbei handelt es sich um so genannte extrinsische Faktoren. Diese liegen nicht zentral im Arbeitsinhalt, sondern stellen Bedingungen der Arbeitsumwelt dar.

Demnach entsteht echte Arbeitszufriedenheit erst, wenn neben der Befriedigung der Hygienefaktoren auch ausreichend Motivatoren gegeben sind.

Motivation wird durch zwei Faktoren beeinflusst: die Person und die Situation. Bei der Person spielen Werte, Überzeugungen, Ziele, Wünsche, Bedürfnisse, Wille und Antrieb sowie Streben und Drang eine Rolle. Mit Situation sind folgende Faktoren gemeint: Anreize, Anregung, Ermächtigung, Möglichkeiten, Prämien, Zielvorgabe. Motivation bedeutet weiterhin, Leistung zu erbringen. Dabei sind folgende Merkmale zu berücksichtigen: Der Mitarbeiter muss es wollen (Bereitschaft), können (Fähigkeit) sowie dürfen (Möglichkeit).

Bringt man die Einflussfaktoren und die Leistungsmerkmale in Zusammenhang, ergeben sich sechs Handlungsfelder zur Gestaltung von Motivation. Die ersten drei liegen in der Person des Mitarbeiters begründet. Die Felder 4 bis 6 sind Gestaltungsfelder Ihrer Führungsrolle und -aufgabe (nach: Sprenger 1999).

Faktor	Person	Situation
Leistungsbereitschaft (wollen)	1. Commitment leben.	4. Demotivation vermeiden.
Leistungsfähigkeit (können)	2. Stärken nutzen und lernen.	5. Fördernd fordern.
Leistungsmöglichkeit (dürfen)	3. Spielfeld wählen.	6. Freiraum eröffnen.

- **Commitment leben:** Das setzt voraus, dass Sie die Verantwortung für Ihr Leben und Ihre Situation übernehmen! Es ist ein Resultat Ihrer Handlungen und Entscheidungen, und damit können Sie die Situation jederzeit verändern! Commitment bedeutet, eine Verabredung zu treffen und zu sagen: »Ich will!«

- **Stärken nutzen und lernen:** Dazu müssen Sie sich Ihrer Stärken bewusst sein und Ihre Fähigkeiten und Aufgaben, so weit es geht, in Einklang bringen und permanent Neues dazulernen. Dazu bedarf es Erfolgszuversicht, realistischer Selbsteinschätzung, erlebbarer Konsequenzen sowie körperlicher Fitness.

- **Spielfeld wählen:** Schaffen Sie sich ein geeignetes Betätigungsfeld, in dem Sie Arbeit, Umfeld und Ihre Fähigkeiten weitestmöglich in Übereinstimmung bringen. Eventuell müssen Sie dafür sogar das Spielfeld wechseln. Denn motiviert sind Sie nur, wenn Sie Arbeit als sinnstiftend erleben.

- **Demotivation vermeiden:** Vermeiden Sie demotivierende Verhaltensweisen wie zwanghafte Ordnungsliebe, Genauigkeitsfanatismus, Kleinkrämerei, einsame Entscheidungen, überzogene und persönliche Kritik, Informationen gar nicht, verspätet oder manipulativ weitergeben. Nutzen Sie lieber Zielvereinbarungen. Fordern Sie Leistung ein und führen Sie Kontrollen durch. Beachten Sie, dass die Beziehung zu den Mitarbeitern wichtiger ist als rigide Verhaltensweisen.

- **Fördernd fordern:** Beantworten Sie sich die Frage: »Was muss ich von dem Mitarbeiter fordern, damit er sich in seinen Kompetenzen und Potenzialen anerkannt fühlt?«, und handeln Sie danach! Erwarten Sie Leistung von Ihren Mitarbeitern, achten Sie deren fachliche Kompetenz und lassen Sie sich in Sachfragen von ihnen beraten, greifen Sie nicht unnötig in deren Arbeitsabläufe ein und vermeiden Sie übertriebene Kontrolle.

- **Freiraum eröffnen:** Schaffen Sie angemessene Handlungsspielräume für Ihre Mitarbeiter. Nur selbstverantwortliche Mitarbeiter werden Sie tatsächlich entlasten und zeigen ein hohes Maß an Arbeitszufriedenheit! Erweitern Sie den Handlungsspielraum, indem Sie den Tätigkeitsspielraum vergrößern (zum Beispiel den ganzen Arbeitsablauf erledigen lassen), den Entscheidungs- und Kontrollspielraum vergrößern (zum Beispiel Kompetenzen erhöhen) sowie die Selbstbestimmung der zeitlichen und örtlichen Gebundenheit vergrößern (zum Beispiel flexible Arbeitszeit beziehungsweise Home-office-days einrichten).

Nach einer neueren Führungskräfte-Studie (Markon, Stadtbeuren, 2002, siehe ManagerSeminare 02/03) nennen Mitarbeiter folgende Gründe für die Unzufriedenheit mit dem Chef:

Er verträgt keine Kritik	69%
Er berücksichtigt nicht die Meinung des Mitarbeiters	63%
Er gewährleistet keine Zukunftssicherheit	63%
Sein Verhalten motiviert nicht	61%
Er legt keinen Wert auf partnerschaftliche Teamarbeit	59%
Er bespricht Aufgaben und Ziele der gemeinsamen Arbeit nicht mit den Mitarbeitern	54%
Er informiert den Mitarbeiter schlecht	53%
Er hilft nicht, wenn Schwierigkeiten bei der Arbeit auftreten	46%
Er setzt sich nicht für seine Mitarbeiter ein	46%
Er überträgt dem Mitarbeiter keine selbstständigen Arbeiten und Entscheidungsbefugnisse	44%
Er beurteilt den Mitarbeiter nicht fair	44%
Er erfüllt seine fachlichen Aufgaben nicht gut	40%

Die genaue Benennung eines Problems beinhaltet häufig bereits eine geeignete Lösung. So auch hier: Kehren Sie die oben genannten Aussagen um und Sie haben ein »Programm« zur Steigerung der Zufriedenheit Ihrer Mitarbeiter!

Fazit: Mitarbeiter von außen motivieren geht nicht. Daher: Schaffen Sie geeignete Rahmenbedingungen für die Mitarbeiter, sodass diese Spaß und Freude an der Arbeit haben!

Buchtipp: »30 Minuten für mehr Motivation« von Reinhard Sprenger ist eine pragmatische Zusammenstellung über Wissenswertes zum Thema Motivation. Lutz von Rosenstiel hat in »Motivation managen« wissenschaftliche Überlegungen zum Thema praxisnah aufbereitet.

Teamarbeit gestalten

»Eine gute Führungskraft gibt jedem Teammitglied das Gefühl, es habe selbst entschieden.« *Daniel Goeudevert*

Beispielsweise befinden Sie sich in folgender Situation: Sie führen eine Gruppe von Mitarbeitern. Diese haben komplexe Aufgaben zu lösen. Ihr Problem: Die Zusammenarbeit ist distanziert und unpersönlich, die Kollegen ziehen nicht an einem Strang, es kommt zu unterschwelligen Konflikten, die Qualität der Ergebnisse ist unzureichend, Termine werden nicht eingehalten. Daher lautet Ihr Ziel: Sie möchten ein motiviertes und erfolgreiches Team formen.

Zunächst sollten Sie die Merkmale von erfolgreichen Teams kennen. Dies sind: gemeinsame Ziele und Werte, hohe Motivation und Leistungsbereitschaft, ausgeprägte Ziel- und Ergebnisorientierung, hohe Selbst- und Mitbestimmungsmöglichkeiten, intensive und offene Kommunikation und Information sowie ein starkes Zusammengehörigkeitsgefühl, Synergieeffekte entstehen. Ein Team besteht in der Regel aus drei bis maximal sieben Mitgliedern.

Teamarbeit kann dabei keineswegs als Allheilmittel für alle betrieblichen Probleme gelten. Unter den folgenden Bedingungen bietet Teamarbeit jedoch entscheidende Vorteile: immer, wenn komplexe Probleme zu bearbeiten sind; wenn unterschiedliches Fach-Know-how benötigt wird; bei jeder Projektarbeit; wenn gemeinsames Lernen stattfinden soll; wenn innerhalb kürzester Zeit brauchbare Ergebnisse erzielt werden sollen.

Zum Erfolg eines Teams benötigen Sie natürlich die richtige Teamzusammenstellung. Als Auswahlkriterien können Ihnen dienen: fachliche Qualifikation, Persönlichkeitsprofil, Teamfähigkeit, Dauer und Form der Kooperation im Team, Zugehörigkeit zu bestimmten Organisationseinheiten, Aufgabe und Zielsetzung der Teamarbeit, Größe beziehungsweise Begrenzung der Teilnehmerzahl.

Damit Sie feststellen können, ob einzelne Mitarbeiter zur Arbeit im Team fähig sind, können Sie den folgenden Teamfähigkeitstest verwenden.

Teamfähigkeitstest								
Anforderungen	**Selbsteinschätzung**				**Fremdeinschätzung**			
	++	+	-	--	++	+	-	--
Offen kommunizieren								
Informationen geben								
Feedback geben								
Ideen aufnehmen								
Wissen einbringen								
Teamziele erarbeiten								
Teamregeln beachten								
Kompromisse eingehen								
Sagen, was man denkt								
Anderen zuhören								
Sich in andere hineinversetzen								
Anderen helfen								
Verlauf mitsteuern								
Flexibel sein								
(nach: Krüger: Teams führen)								

Die Entwicklung von einer Gruppe von Menschen hin zu einem erfolgreichen Team verläuft idealtypisch in folgenden Phasen.

● Forming: höflich, vorsichtig, unpersönlich, gespannt, sich am Ranghöchsten orientierend, beschnuppern.
● Storming: unterschwellige Konflikte, Auseinandersetzungen um Rangplätze (Hackordnung), Cliquenbildung, mühsames Vorwärtskommen, Austesten des formellen Führers.
● Norming: Entwicklung neuer und akzeptierter Vorgehensweisen und Umgangsformen, Rollen, Ziele und Methoden sind klar und vom Team akzeptiert.
● Performing: ideenreich, flexibel, solidarisch und hilfsbereit, leistungsfähig, offen, keine versteckten Konflikte.

Die Phasen werden meistens in dieser Reihenfolge durchlaufen. Dennoch sind Rückschritte bei Veränderungen der Teammitglieder möglich oder treten beim Durchlaufen der beschriebenen Phasen auf. Nicht immer erreichen Gruppen die Stufe »Performing«. Das hat Konsequenzen auf Effizienz und Effektivität der Gruppe.

Während dieses Prozesses bilden sich die Rollen der Teammitglieder heraus. Beispielsweise:

- Führer (informell),
- Führer (formell),
- Spezialist,
- Initiator,
- Meinungssucher,
- Mutmacher,
- Querdenker,
- Sündenbock,
- Macher.

Diese sind nicht alle vorher zu bestimmen, sondern ergeben sich aus dem Kontext und den Interaktionen der einzelnen Teammitglieder. Einige der Rollen erscheinen auf den ersten Blick »undankbar«. Bei näherem Hinsehen erweist jedoch jede Rolle einen spezifischen und wichtigen Beitrag für das Gesamtteam. Dass dies nicht immer entsprechend gewürdigt wird, ist ein wichtiger Punkt, der am besten mit externer Unterstützung bearbeitet werden sollte.

Ein wichtiges Mittel zur Förderung der Zusammenarbeit ist das gemeinsame Erarbeiten und Vereinbaren von Spielregeln. Diese betreffen beispielsweise: Offenheit, Anrede, Ausreden lassen, Disziplin, Pünktlichkeit, Bereitschaft zur Mitarbeit, Kooperation.

Wenn das Team sich »gefunden« hat, sollten alle während der gemeinsamen Arbeit ihre Effektivität im Auge behalten. Dazu müssen Ziele, Kommunikation, Zeitplanung, Ausdruck von Gefühlen, Umgang mit Konflikten, Partizipation sowie die »politische« Offenheit hinterfragt werden. Für Ihre Teamarbeit können Sie dies mit Hilfe folgender Übersicht abklären:

Merkmal	Sehr schlecht	❶ ❷ ❸ ❹ ❺ ❻	Sehr gut
Ziele	Unterschiedlich, verwirrend, unbestimmt, wenig Interesse	☐ ☐ ☐ ☐ ☐ ☐	Allen klar, von allen geteilt, alle fühlen sich einbezogen
Kommunikation	Andauernd Missverständnisse	☐ ☐ ☐ ☐ ☐ ☐	Missverständnisse kommen selten vor
Zeitplanung	Zeit wird vergeudet, viel Zeit für Triviales, keine Prioritäten, wenig Leistung	☐ ☐ ☐ ☐ ☐ ☐	Kein Aufschieben, Prioritäten werden gesetzt, hohe Leistung
Ausdruck von Gefühlen	Wahre Gefühle der Teammitglieder bleiben verborgen	☐ ☐ ☐ ☐ ☐ ☐	Mitglieder drücken wahre Gefühle natürlich und ehrlich aus
Gegenseitige Unterstützung	Mitglieder weichen einander aus oder greifen andere an	☐ ☐ ☐ ☐ ☐ ☐	Mitglieder geben einander Hilfe und Unterstützung
Umgang mit Konflikten	Konflikte werden vermieden oder verleugnet; Konflikte werden als verhängnisvoll angesehen	☐ ☐ ☐ ☐ ☐ ☐	Konflikte werden offen und konstruktiv ausgetragen; sie werden als bewältigbar angesehen
Partizipation	Einige Passive; verschiedene sprechen gleichzeitig oder unterbrechen andere	☐ ☐ ☐ ☐ ☐ ☐	Alle sind beteiligt, allen wird zugehört
Politische Offenheit	Es gibt Unterströmungen in der Gruppe, Mitglieder intrigieren und manipulieren	☐ ☐ ☐ ☐ ☐ ☐	Mitglieder sind offen, aufrichtig, keine Intrigen
(nach: Neges 1993)			

Abschließend für Sie noch einige Tipps für Ihre Teamarbeit:

- Klären Sie rechtzeitig Spielregeln sowie die Aufgaben jedes Einzelnen im Team.
- Sorgen Sie für gemeinsame Ziele und Werte.
- Führen Sie ausschließlich moderierte Besprechungen durch.
- Als Teamleiter sollten Sie Ihre Führungsrolle wahrnehmen und notwendige Aufgaben an kompetente Teammitglieder delegieren.
- Schaffen Sie ein kreatives und lernfreudiges Arbeitsklima.
- Fördern Sie einen regen Informationsaustausch untereinander.
- Nutzen Sie (Gruppen-)Arbeitstechniken.
- Schaffen Sie Freiräume zur Selbstorganisation der Gruppe.
- Gehen Sie auf Konflikte ein und sorgen Sie für eine gemeinsame Lösung.
- Streben Sie Leistungs- und Ergebnisorientierung im Team an.
- Fördern Sie das Zusammengehörigkeitsgefühl. Unterstützen Sie den persönlichen und privaten Kontakt der Teammitglieder untereinander.

Koordination verbessern

Besprechungen, Sitzungen und Meetings moderieren

»Wenn die Menschen nur über das sprächen, was sie begreifen, dann würde es sehr still auf der Welt sein.« *Albert Einstein*

Die Situation sieht in vielen Unternehmen folgendermaßen aus: Viele Themen sind angesichts ihrer Komplexität nur noch im Team zu bewältigen. Um die Teamarbeit zu koordinieren, finden zahlreiche Besprechungen statt. Aktuelle Untersuchungen haben ergeben, dass heutzutage viele Führungskräfte über die Hälfte Ihrer Arbeitszeit in Besprechungen, Meetings, Sitzungen verbringen.

Die häufigsten Probleme dabei sind: Die Besprechungen dauern zu lange, sind ineffizient, die Ergebnisse stehen in keinem Verhältnis zum Zeit- und Personalaufwand, Entscheidungen werden nicht getroffen, die Aufgaben werden nicht klar verteilt, und die Verantwortlichkeiten sind nicht geregelt, niemand fühlt sich für deren Erledigung zuständig.

Dabei sollte das Ziel lauten: Besprechungen werden in kurzer Zeit durchgeführt, Ergebnisse werden erzielt, Entscheidungen werden getroffen, daraus abgeleitete Maßnahmen werden definiert, die nächsten Schritte und die Verantwortlichen sind vereinbart.

Die Lösung kann dem entsprechend nur folgendermaßen aussehen: Für ein gutes Besprechungsmanagement ist es notwendig, diese Zusammenkünfte gut vorzubereiten, sie effizient durchzuführen und die Ergebnisse entsprechend nachzubereiten.

Buchtipp: Wer sich ausführlich über dieses Thema informieren möchte, dem empfehle ich das Buch von Martin Hartmann u.a.: »Immer diese Meetings«.

Für die Vorbereitung, Durchführung und Nachbereitung können Sie als Grundlage die folgenden Schritte und Fragen nutzen.

Vorbereitung: Wenn Sie eine Besprechung, eine Sitzung oder ein Meetings vorbereiten, dann stellen Sie sich am besten zunächst folgende Fragen:

- Ist dazu eine Besprechung notwendig oder lassen sich die Ziele auch anderweitig erreichen? Genügt es beispielsweise, dies telefonisch zu klären? Oder reicht ein Einzelgespräch, eine E-Mail oder ein Brief?
- Wie lauten die Ziele der Besprechung? Wenn Sie diese geklärt haben, dann können Sie diese entsprechend für die Sitzung aufbereiten und sich überlegen: Wie können die Ziele präsentiert werden? Müssen vorher Informationen weitergeleitet werden? Welche Entscheidungen müssen getroffen werden?
- Wer muss teilnehmen, damit die Ziele erreicht werden können? Vorher bereits besondere Rollen (Moderator, Protokollant) klären und möglichst auch festlegen. Sind die Teilnehmer vorbereitet oder was ist dafür noch zu tun?
- Welcher Termin ist geeignet? Am besten im Vorfeld mit den Teilnehmern abstimmen.
- Welche Reihenfolge der Tagesordnungspunkte ist am sinnvollsten? Erstellen Sie eine vorläufige Tagesordnung (TOP) nach folgendem Muster:

TOP	Thema	Ziele	Wer	Dauer (von–bis)

Abhängig vom jeweiligen Ziel der Besprechung können Sie den Ablauf grundsätzlich an den Phasen der Entscheidungsfindung (s. S. 105ff.) orientieren.

- Was muss noch organisiert werden? Vorher müssen Sie sicherstellen: Ort und Raum; Tische und Bestuhlung; Medien (Pinnwand, Flipchart, Beamer), Visualisierungsmittel und eventuell Schreibblöcke; Getränke und/oder Obst oder Gebäck.

● Was muss die schriftliche Einladung beinhalten? In die Einladung müssen Sie aufnehmen: die Tagesordnung, den Ablauf sowie die geplante Uhrzeit für die einzelnen Themen; Themen und Ziele genau definieren; Ort; Zeit (Beginn, Pausen, Ende); Teilnehmer; mitzubringende Unterlagen; Moderator und Verteiler. Es ist wichtig, dass Sie die Einladung und eventuell notwendige Unterlagen so rechtzeitig verschicken, dass alle Teilnehmer die Möglichkeit haben, sich ausreichend vorzubereiten.

Durchführung: Als Moderator prüfen Sie rechtzeitig vor der Besprechung, ob alle notwendigen Mittel zur Verfügung stehen und auch wirklich einwandfrei funktionieren. Stellen Sie sicher, dass Störungen vermieden werden. Beginnen Sie pünktlich. Begrüßen Sie zunächst alle Teilnehmer und nennen Sie die Ziele und Themen der Besprechung. Vereinbaren Sie mit allen die von Ihnen vorbereitete Tagesordnung beziehungsweise ergänzen sie diese, wenn dies notwendig erscheinen sollte. Folgen Sie konsequent dieser Tagesordnung und orientieren Sie sich an den vereinbarten Zeiten. Die Aufgaben des Moderators sehen folgendermaßen aus:

● Eröffnung, Abschluss.
● Durch Fragen steuern (Mit Fragen führen, s. S. 171ff.).
● Zeit- und Pausenmanagement.
● Themen und Ablauf der Moderation mit den Teilnehmern vereinbaren.
● Arbeitsergebnisse permanent visualisieren (offenes Protokoll).
● Arbeitstechniken vorschlagen und methodisches Vorgehen anregen.
● Wortmeldungen festhalten.
● Spielregeln vereinbaren und die Einhaltung sicherstellen.
● Teilnehmerbeiträge und -vorschläge an die Gruppe weitergeben.
● Beiträge aller Teilnehmer ermöglichen.
● Regelmäßig den Stand durch Zusammenfassungen feststellen.
● Bei Abschweifungen zum Thema zurückführen.
● Zustimmung einholen.
● Störungen und Konflikte ansprechen und bearbeiten (Konfliktmanagement, s. S. 135ff.).

Nutzen Sie für die Durchführung folgende Steuerungsmöglichkeiten:

- Behalten Sie bei allem, was Sie tun, die Ziele und die Zeit im Auge.
- Stellen Sie Fragen.
- Bremsen Sie Vielredner.
- Aktivieren Sie stille Teilnehmer durch direkte Ansprache.
- Stellen Sie so sicher, dass alle – auch unterschiedliche – Meinungen geäußert und diskutiert werden.
- Identifizieren Sie Killerphrasen wie »das haben wir schon immer so gemacht« und stellen Sie diese ab.
- Fassen Sie zwischendurch immer wieder zusammen.
- Erinnern Sie immer wieder an die vereinbarte Zeit und fordern Sie (Selbst-)Disziplin der Teilnehmer ein.
- Sorgen Sie für jederzeitige Visualisierung der Beiträge. Führen Sie dazu ein offenes Protokoll auf einem Flipchart und halten Sie für jeden sichtbar alle Ergebnisse, Entscheidungen und Regelungen wortwörtlich fest. Das erspart spätere Diskussionen, wie bestimmte Formulierungen im schriftlichen Protokoll zu interpretieren sind.
- Holen Sie sich immer wieder das Einverständnis der Gruppe zu Ihrem Vorgehen ein.
- Halten Sie notwendige Aktivitäten nach folgendem Aktivitätenplan an der Pinnwand oder auf einem Flipchart fest:

TOP	Was	Wie	Wer	Mit wem	Bis wann

- Schließen Sie die Besprechung möglichst pünktlich ab.
- Erbitten Sie ein Feedback.
- Danken Sie den Teilnehmern.
- Klären Sie die Organisation der nächsten Besprechung: Moderator, Ort, Dauer, Themen und Ziele, Teilnehmer.

Nachbereitung: Jede Sitzung sollte auch sorgfältig nachbereitet werden. Halten Sie daher stets einen persönlichen Rückblick und beantworten Sie sich folgende Fragen:

- Ist die Zielsetzung erreicht worden?
- War meine Vorbereitung angemessen?
- Wie zufrieden bin ich mit dem Ergebnis?
- Wie zufrieden bin ich mit dem Verlauf der Besprechung?
- Was werde ich beim nächsten Mal beibehalten, was werde ich in jedem Fall anders machen?

Halten Sie die wesentlichen Inhalte der Besprechung in einem Ergebnisprotokoll fest. Sie können beispielsweise ein Fotoprotokoll der Medien anfertigen (Digitalkamera oder Pinnwandprotokollierer) und die Datei verschicken. Alternativ können Sie diese in Papierform weiterleiten. Die Flipcharts oder Pinnwände können Sie auch abschreiben (selbst machen oder durch Sekretärin/Assistenz erledigen lassen). Folgende Punkte sollten im Ergebnisprotokoll unbedingt festgehalten werden:

- Verteiler,
- Teilnehmer,
- Besprechung (wo, wann, wie lange),
- folgende Besprechung (wo, wann, wie lange),
- Moderator (wer),
- Themen,
- Ziele,
- Ergebnisse (Entscheidungen, Regelungen),
- Aktionsplan (was, wie, wer, mit wem, bis wann, wann übernommen),
- Anlagen.

Kontrollen durchführen

Delegieren

> »Wer seine Finger überall drin hat, kann nie mit der Faust auf den Tisch hauen.« *Dieter Hildebrandt*

Vielleicht befinden Sie sich ebenfalls in der gleichen Situation wie viele andere Führungskräfte auch: Sie führen Mitarbeiter, tun aber noch (zu) viel selbst. Gerade in der heutigen Zeit mit Ihren vielfältigen wirtschaftlichen Schwierigkeiten ist ein autoritärer Führungsstil wieder häufiger anzutreffen. Dies steht aber im krassen Gegensatz zu der notwendigen Fähigkeit, als Unternehmen schnell und flexibel am Markt zu agieren. Dazu sind auf Dauer nur solche Unternehmen in der Lage, in denen die Führungskräfte ihren Mitarbeitern das notwendige Vertrauen (Hinweis auf Kapitel 1) entgegenbringen, sodass diese flexibel und innovativ handeln können.

Das Problem dabei ist: Sie verlieren viel Zeit und gleichzeitig besteht die Gefahr, dass Sie Ihre Mitarbeiter demotivieren, wenn Sie diesen zu wenig Spielraum zugestehen. Zudem gefährden Sie Ihre eigene Entwicklung oder sogar Ihre jetzige Position. Ihr Ziel sollte daher lauten: nicht alles selbst machen. Zeit gewinnen für Wesentliches, Mitarbeiter entwickeln durch Fördern und Fordern.

Delegieren bedeutet, eigene Aufgaben an Mitarbeiter zu übertragen. Überlegen Sie daher, welche Aufgaben Sie am besten delegieren können. In jedem Fall sollten Sie vorbereitende Aufgaben, Detaillierungsaufgaben sowie Routineaufgaben möglichst auf Ihre Mitarbeiter übertragen. Bei anderen Aufgaben sollten Sie dies im Einzelfall abwägen.

Erstellen Sie dazu mindestens einmal jährlich eine Übersicht aller Aufgaben und entscheiden Sie, ob und wenn ja, welche Aufgaben

Sie an welchen Mitarbeiter delegieren können. Verwenden Sie dazu beispielsweise eine Tabelle nach folgendem Muster:

Aufgabe
Aufwand pro Woche
Prozentualer Anteil pro Woche
Priorität
Dient dem Ziel ...
Delegierbar?
An
Termin
Kontrolle

Wenn Sie delegieren, übertragen Sie bei jeder Aufgabe immer Aufgabe, Kompetenz und Verantwortung (AKV-Prinzip). Sorgen Sie dafür, dass diese in Einklang stehen. Häufig wird der Fehler gemacht, die Aufgabe, verbunden mit einer übersteigerten Verantwortung und einer zu geringen Kompetenz, zu übertragen. Damit ist die Demotivation der Mitarbeiter bereits vorprogrammiert. Grafisch sieht das dann so aus.

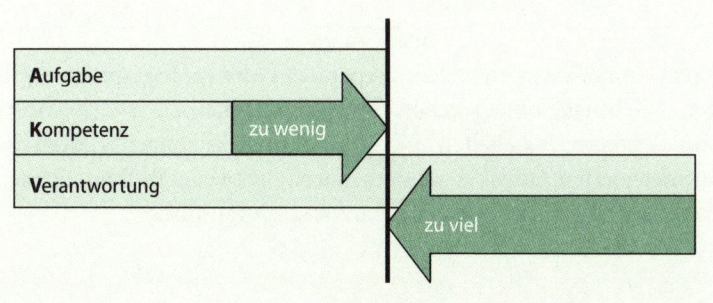

Überlegen Sie sich, wer die Aufgabe in Zukunft übernehmen soll. Bedenken Sie dabei, dass Sie durch das Delegieren von Aufgaben einen Beitrag zur Entwicklung Ihrer Mitarbeiter leisten können (fördern und fordern). So können Sie gleichzeitig die Eigenmotivation und Selbstständigkeit Ihrer Mitarbeiter unterstützen.

Delegieren Sie aber niemals »zwischen Tür und Angel«! Nehmen Sie sich Zeit, wenn Sie Aufgaben von Mitarbeitern durchführen lassen wollen. Führen Sie möglichst ein ausführliches Delegationsgespräch. Nutzen Sie dabei die Grundlagen der Gesprächsführung und beachten Sie folgende Punkte:

Inhalt	**Was** ist zu tun?
Zweck	**Warum.** Was ist der Zweck der Aufgabe? (Motivation)
Ziel	**Wieso.** Was soll warum erreicht werden?
Ergebnis	**Welches** Ergebnis soll erreicht werden? (Umfang, Details)
Informationen	**Welche** Informationen sind notwendig?
Hilfsmittel	**Womit.** Mit welchen Hilfsmitteln ist die Aufgabe durchzuführen?
Vorgehensweise	**Wie** soll die Aufgabe ausgeführt werden?
Rahmen-bedingungen	**Welche** Rahmenbedingungen sind zu berücksichtigen? (Kosten, Beteiligung/Information anderer usw.)
Termine	Bis **wann** ist die Aufgabe zu erledigen? (Start- und Endtermin)
Kontrollen	**Wie** stellt der Mitarbeiter die Qualität der Ergebnisse sicher? (Eigenkontrollen vereinbaren) **Welche** Fremdkontrollen sind außerdem notwendig? Vereinbaren!

Nicht immer muss ein solches separates Delegationsgespräch erfolgen. Die Inhalte eines solchen Gespräches sollten Sie jedoch immer »im Hinterkopf« behalten und situativ berücksichtigen. Halten Sie alle delegierten Aufgaben schriftlich fest – entweder in Ihrer eigenen Aktivitätenliste oder in einer separaten Delegationsliste.

Datum	
Was	
Wer	
Priorität	
Ziel/Ergebnis	
Start	
Kontrolle	
Ende	

Seien Sie tolerant mit Ihren Mitarbeitern. Fehler gehören dazu und sind notwendig beim Erlernen neuer Aufgaben. Stellen Sie aber auch sicher, dass nicht immer wieder derselbe Fehler gemacht wird! Akzeptieren Sie auf keinen Fall eine Rückdelegation.

Kontrollieren

»Nichts kann den Menschen mehr stärken als das Vertrauen, das man ihm entgegenbringt.« *Adolf von Harnack*

Die Situation kann nun so aussehen: Sie haben Aufgaben delegiert und keine Information über den derzeitigen Aufgabenstatus. Ihr Problem lautet daher: Wie können Sie diese Informationen erhalten, ohne Misstrauen beim Mitarbeiter auszulösen, und dennoch Ihrer Verantwortung gerecht werden? Ihr Ziel ist also: situative und personengerechte Kontrollen durchführen.

Ein wesentlicher Bestandteil systematisch angewandter Delegation ist die vorher vereinbarte Kontrolle. Das größte Problem in diesem Zusammenhang ist der negative Beigeschmack, den dieser Begriff hat. Dabei hat Kontrolle das Ziel, Sie in die Lage zu versetzen festzustellen, ob die im Arbeitsprozess erzielten Ergebnisse dem Delegationsauftrag und damit den Anforderungen an Qualität, Termin und Kosten entsprechen. Kontrolle unterstützt Sie dabei, Arbeitsabläufe zu überprüfen und gegebenenfalls gegenzusteuern. Sie ist notwendig, um die Ergebnisse zu bewerten und zum gewünschten Ziel zu kommen. Kontrolle sollte deshalb als Mittel der Zielerreichung und Ergebnissicherung verstanden werden. Dabei sind zwei Arten von Kontrollen zu unterscheiden: Selbst- und Fremdkontrolle.

Es empfiehlt sich, folgende Formen der Kontrolle anzuwenden:

- Kontinuierliche Stichprobenkontrollen während der Arbeitserledigung.
- Ergebniskontrollen zu vereinbarten Zwischenergebnissen und zum Ende der Arbeitsdurchführung.
- Selbstkontrollen des Mitarbeiters über die gesamte Dauer der Arbeit.

Kontrolle müssen Sie immer situativ und personenbezogen einsetzen. Ihr Ziel sollte sein, die Mitarbeiter so zu führen, dass diese mit einem hohen Grad an Selbstkontrolle arbeiten (bitte Reifegrad des Mitarbeiters beachten, s. S. 20).

Die Kontrolle dient aber auch dem Mitarbeiter, um Feedback beziehungsweise Kenntnis über seine aktuellen Leistungen zu erhalten (Feedback und Ich-Botschaft, s. S. 169–170).

Da Sie als Führungskraft aber auch für die Ergebnisse die Verantwortung haben, kommen Sie um ein gewisses Maß an Fremdkontrolle nicht umhin. Dies anzunehmen und nicht zu verteufeln ist Grundvoraussetzung zum erfolgreichen Führen! Kontrolle ist abhängig von Ihrer Einstellung. In der nachfolgenden Tabelle sind die zwei grundsätzlichen Einstellungen gegenübergestellt.

Kontrollmerkmale	Vertrauen ist gut, Kontrolle ist besser	Kontrolle muss/kann Vertrauen schaffen
Häufigkeit	Oft und regelmäßig, vielfach und überraschend.	Anfangs häufiger, dann abnehmende Häufigkeit.
Ziel	Fehler.	Zielerreichung sicherstellen.
Art	Ausschließlich Fremdkontrolle, auch als verdeckte Kontrolle.	Fremdkontrolle als offene Kontrolle, Anregung zur Selbstkontrolle.
Umfang	Vollständig und umfassend.	Stichproben, Teilbereiche, Schwerpunkte.
Selbstverständnis der Führungskraft	Fehlersucher.	Ratgeber.
Wann war die Kontrolle erfolgreich?	Wenn Fehler gefunden werden.	In jedem Fall, unabhängig vom Ergebnis.
Worüber wird nach der Kontrolle geredet?	Ausschließlich über Fehler.	In jedem Fall über das Kontrollergebnis.
Art der Kommunikation nach der Kontrolle	In der Regel Vorwürfe, Belehrungen, Ermahnungen, Besserwisserei.	Gute Leistungen bestätigen anerkennen; kleinere Abweichungen korrigieren; grobe Fehler analysieren und kritisieren.
Wie steht die Führungskraft zum Mitarbeiter?	Übergeordnet.	Partnerschaftlich.
Gefühle der Führungskraft vor der Kontrolle	Angst, es könnten vorhandene Fehler übersehen werden.	Fürsorge, Hilfsbereitschaft, wachsendes Vertrauen, Konzentration auf die Sache.
Gefühle der Führungskraft nach der Kontrolle	Erleichterung, dass Fehler gefunden wurden. Befürchtung, weitere Fehler übersehen zu haben.	Zufriedenheit ist die Regel; Ausnahme: Vorsatz, Fahrlässigkeit des Mitarbeiters.
Situation des Mitarbeiters	Opfer, Untergebener, auf seine Gefühle wird keine Rücksicht genommen.	Gewinner, Partner; Mitarbeiter weiß, woran er ist.

Wenn Sie Kontrollen durchführen, dann sollten Sie Takt, Sachlichkeit, Offenheit und Klarheit beachten:

● **Takt:** Persönliche Kontrolle darf nicht verletzen, sondern muss freundlich und nüchtern erfolgen. Auf Fehler sollten Sie nicht sofort hinweisen, sondern diese vom Mitarbeiter selbst finden lassen. Dies erhöht die Kontrolle durch Selbstkontrolle. Denken Sie daran: Die Mitarbeiter wollen persönliche Achtung und Selbstverantwortung.

● **Sachlichkeit:** Jeder Mitarbeiter muss spüren, dass Kontrolle eine selbstverständliche und korrekte Angelegenheit ist, keine »gehässige Fehlersuche«. Und sie wünschen sich, dass sich die Kontrollen auf das wirklich Wesentliche beschränken.

● **Offenheit:** Das Motto sollte stets lauten »Offen kontrollieren, nicht ›hintenherum‹!« Aber Vorsicht, übertreiben Sie nicht! Die Mitarbeiter müssen stets wissen, woran sie sind. Sie erwarten entsprechende Anerkennung oder Kritik.

● **Klarheit:** Kontrollen müssen sich auf Normen stützen, die sachlich angemessen, betriebseinheitlich und jedem bekannt sind. Mitarbeiter fordern eindeutige und gerechte Maßstäbe.

Das **Fazit** für Sie sollte daher lauten: Kontrolle muss sein! Grundlage von Kontrolle ist das Vertrauen in die Leistungsbereitschaft und -fähigkeit des Mitarbeiters. Fremdkontrollen sollten so gering wie möglich gehalten und mit dem Mitarbeiter vereinbart werden. Fragen Sie sich:»Was muss ich unbedingt und unverzichtbar kontrollieren, um ausreichend gerechtfertigtes Vertrauen haben zu können, dass nichts Wesentliches aus dem Ruder laufen kann?« Alle Fremdkontrollen sollten transparent durchgeführt werden.

Wirkungsvoll kommunizieren und informieren

Sicher kommunizieren

»Sage, was du willst, und du bekommst, was du dir wünschst!«

Die Situation vieler Führungskräfte sieht so aus, dass aus den verschiedensten Gründen sehr viele Vier-Augen-Gespräche geführt werden müssen. Leider entstehen dadurch auch häufig Probleme: Es kommt zu Missverständnissen. Ihre Botschaften erreichen den Empfänger (zum Beispiel Mitarbeiter) nicht oder unvollständig. Er versteht nicht, was Sie von ihm wollen. Das Ziel muss daher lauten: Es muss Klarheit herrschen sowohl im Erkennen der Botschaften anderer als auch in der Weitergabe von eigenen Botschaften. Die Lösung kann nur in einer klaren, zielgerichteten Kommunikation bestehen.

Dabei ist zu beachten, dass Kommunikation immer im Aussenden, Übermitteln und Aufnehmen von Informationen besteht. Dabei muss zwischen verbaler und nonverbaler Kommunikation unterschieden werden. Nonverbale Kommunikation lässt sich wie folgt differenzieren:

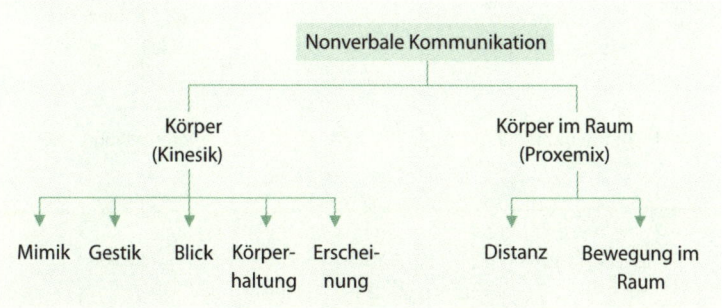

Kommunikative Fähigkeiten sind eine Schlüsselkompetenz, denn erst im Kontakt mit anderen, können Sie Ihre gesteckten Ziele erreichen. Damit kommt der Fähigkeit, Ihre Informationen »richtig« mitzuteilen eine herausragende Bedeutung zu. Kommunikative Kompetenz unterstützt sicheres Auftreten, erfolgreiches Verhandeln und gekonntes Überzeugen.

In der Kommunikation gibt es immer mindestens einen Empfänger und Sender. Die Informationen werden verschlüsselt (codiert), als Botschaft übermittelt und vom Empfänger entschlüsselt (decodiert). Jeder Teilnehmer ist immer beides. Sender und Empfänger. Denn erst durch die Rückmeldung des Gesprächspartners können Sie erkennen, ob und wie die Botschaft angekommen ist. Andere, in dem Prozess eingreifende Elemente finden Sie in den nachfolgenden Modell.

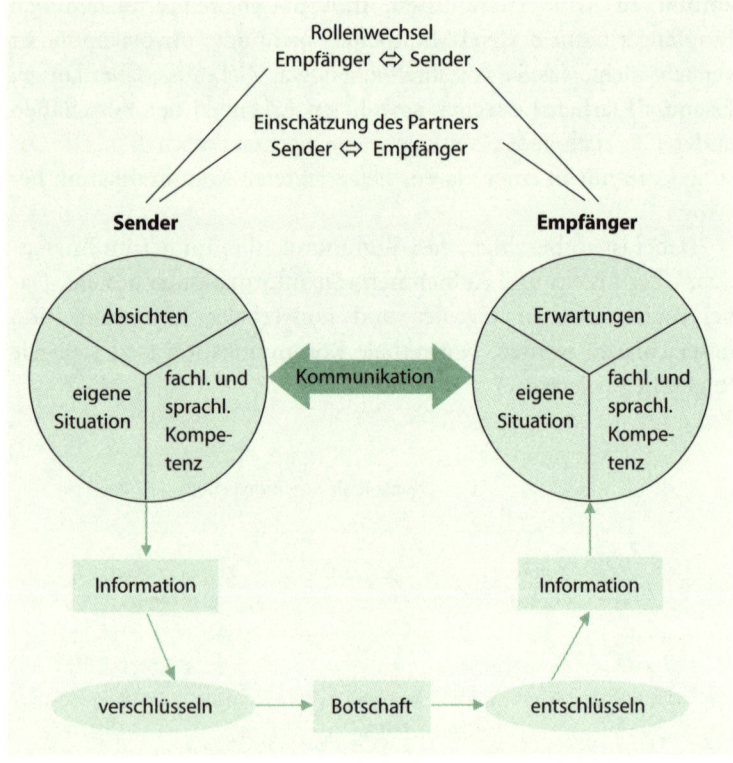

Zur Einschätzung des Partners gehört es, dessen mögliche Reaktionen und Argumente vorher zu überlegen und die eigene Gesprächsführung darauf abzustellen. Sie müssen sich überlegen, in welcher Situation sich Ihr Gesprächspartner befindet und welche Absichten er verfolgen könnte. Dabei müssen Sie auch seinen gegenwärtigen (emotionalen) Zustand (= eigene Situation) beachten.

Unter den fachlichen Kompetenzen sind die für das Gesprächsthema notwendigen Fakten gemeint. Von Ihrer sprachlichen Kompetenz hängt es ab, wie gut es Ihnen gelingt, das Gespräch mit Hilfe der im Folgenden beschriebenen Techniken zu führen. Und: Ohne eine Absicht beziehungsweise ein Ziel sollten Sie kein Gespräch führen.

In diesem Prozess treten vielfältige Problembereiche der Verständigung auf. Beispielsweise auf Seiten des Senders: ungenaue Beschreibungen, Weglassen von wichtigen Details, zu schnelle und ungenaue Sprache und vieles mehr. Die Probleme auf Empfängerseite bestehen unter anderem in der begrenzten Aufnahmekapazität, der starken Filterung von Informationen durch Werte und Vorerfahrungen, nicht ausreichendem Zuhören, der sofortigen Suche nach (Gegen-)Argumenten und dergleichen.

Um solche Kommunikationsprobleme zu verhindern, kann der Sender auf Folgendes achten:

- Klären Sie als Absender, welche Informationen der Empfänger bereits hat, und kommunizieren sie darauf aufbauend.
- Geben Sie weiterführende Begründungen und Erklärungen, wenn dies notwendig wird.
- Versuchen Sie sensibel zu sein für die Wirkung Ihres eigenen Kommunikationsverhaltens (regelmäßig Feedback einholen).
- Verwenden Sie Ich-Botschaften.
- Versetzen Sie sich in den anderen hinein (Empathie).

Der Empfänger sollte die folgenden Hinweise berücksichtigen:

- Hören Sie aktiv zu.
- Fragen Sie nach, wenn Sie etwas nicht genau verstehen.

- Fassen Sie Inhalte zwischendurch zusammen, um das richtige Verstehen sicherzustellen.
- Geben Sie Feedback.

Wenn Sie Ihre Kommunikation verbessern möchten, dann nutzen Sie dafür die vier Verständlichmacher. Sprechen Sie einfach, verwenden Sie also verständliche und bekannte Begriffe, sprechen Sie ohne Schnörkel. Gegliedert: Bauen Sie das Gespräch logisch auf und verdeutlichen Sie den roten Faden. Kurz und prägnant: Verwenden Sie wenige, treffende Worte. Bringen Sie Sachverhalte auf den Punkt. Anregend: Konkretisieren Sie durch Bilder und praxisnahe Beispiele.

Unterscheiden Sie zwischen der Inhalts- und Beziehungsebene: Die Inhaltsebene ist das rationale, das objektiv Gesagte. Sie drückt sich durch Wortsprache aus und könnte so beispielsweise auch durch einen Tonträger übermittelt werden. Die Beziehungsebene meint das Unausgesprochene (Erwartungen, Ängste, Sympathien, Antipathien und Ähnliches). Die Gefühle, die mitschwingen, die zwischen den Worten liegen. Meist drückt sich diese Ebene im nonverbalen Verhalten aus, also durch die Körpersprache, Mimik und Gestik.

Die Beziehungsebene beeinflusst wesentlich die Inhalts- oder Sachebene. »Probleme«, Schwierigkeiten und Konflikte sind meist auf der Beziehungsebene begründet. Ohne Klärung dieser Ebene ist eine gute Kommunikation unmöglich.

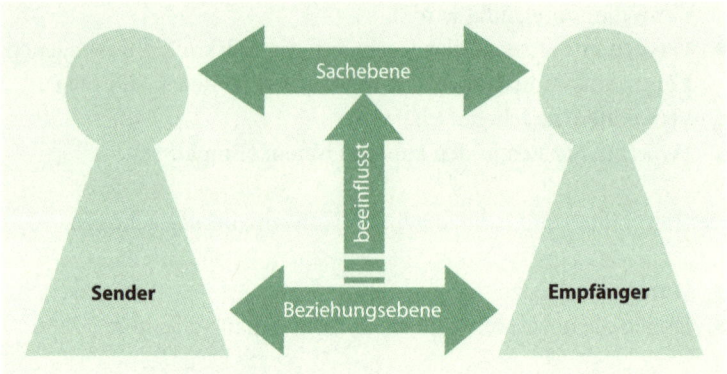

Differenzieren Sie weiter und berücksichtigen Sie die vier Seiten einer Nachricht (Sachinhalt, Beziehung, Selbstoffenbarung, Appell), die Schulz von Thun in seinem Vier-Ohren-Modell berücksichtigt hat. Er nennt dieses Modell auch das TALK-Modell, denn so lassen sich die vier Seiten der Nachricht leicht merken.

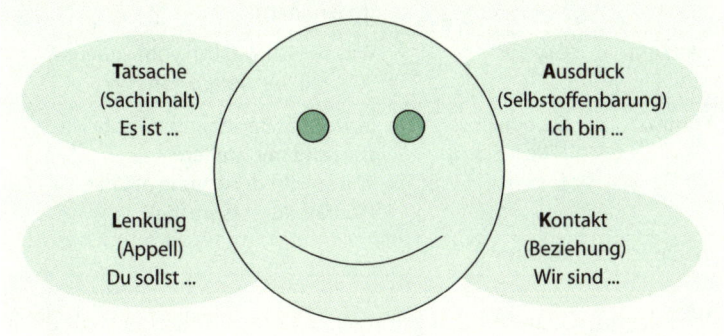

Berücksichtigen Sie, dass sowohl Sender als auch Empfänger diese vier Ohren haben und entsprechend agieren beziehungsweise reagieren.

Das folgende Beispiel soll dies illustrieren: Ein Paar fährt im Auto. Die Frau sitzt am Steuer, der Mann als Beifahrer ist Sender der folgenden Nachricht: »Du, da vorne ist grün!« Je nachdem, mit welchem Ohr die Frau diese Botschaft entschlüsselt, kann sie wie folgt antworten:
»Danke für die Information, ich hatte das noch nicht gesehen.« (Tatsachen-Ohr)
»Fährst du oder fahre ich?« (Lenkungs-Ohr)
»Wenn du es eilig hast, ist es dein Problem!« (Ausdrucks-Ohr)
»Immer nörgelst du an mir herum!« (Kontakt-Ohr)

Unterscheiden Sie also stets zwischen den vier Seiten und überlegen Sie sich, welche Botschaft Sie tatsächlich vermitteln wollen. Nutzen Sie dafür die Fragen in der folgenden Tabelle:

Seite	Botschaft	Hilfreiche Fragen
Tatsache	Die Ampel ist grün.	☐ Formuliere ich verständlich? ☐ Was ist dem anderen wichtig?
Ausdruck	Ich habe es eilig.	☐ Sende ich reine Ich-Botschaften aus? ☐ Was motiviert den anderen? ☐ Was sind dessen Bedürfnisse (mir gegenüber)?
Lenkung	Gib Gas!	☐ Was will ich wirklich vom anderen? ☐ Was will der andere von mir?
Kontakt	Du brauchst Hilfestellung	☐ In welcher Beziehung möchte ich zum anderen stehen? ☐ Wie spricht der andere mit mir (Tonfall, Körpersprache)?
(nach: Schulz von Thun)		

Das folgende Grundmodell gelungener Kommunikation stellt die in diesem Zusammenhang wesentlichen Techniken dar, um effizient und erfolgreich zu kommunizieren.

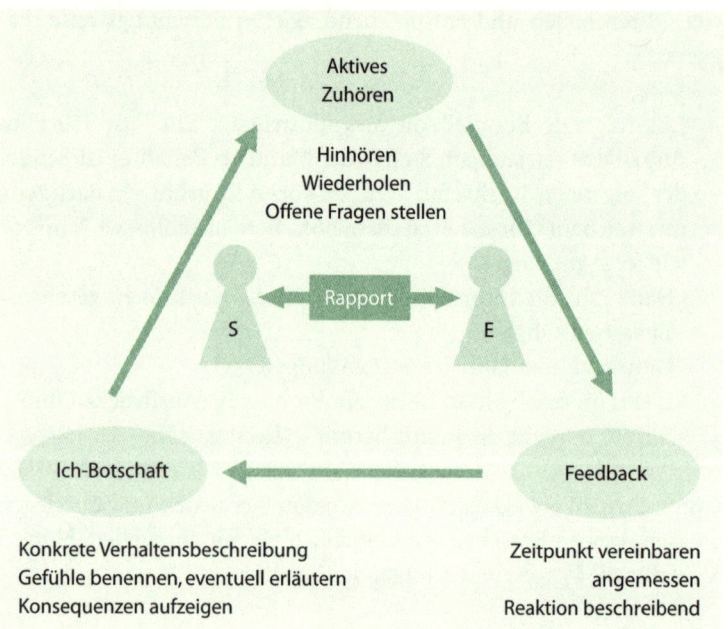

168

Grundvoraussetzung für eine gelungene Kommunikation ist Rapport. Dieser Begriff wird beim Neurolinguistischen Programmieren (NLP) verwendet und bedeutet: guter Kontakt zwischen den Gesprächspartnern. Dieser ist auch von außen zu erkennen.

> Beobachten Sie doch einmal Gespräche in einem Restaurant. Wie ist die Körperhaltung? Wie verläuft der Blickkontakt? Welche Sprache wird verwendet?

Rapport können Sie herstellen durch Ähnlichkeit in Körperhaltung und -ausdruck, Gesichtsausdruck und Mimik, Atmung, Armbewegungen und Gestik, Tempo, Lautstärke, Rhythmus, Betonung und Tonfall der Sprache.

Die »Gefahr« bei der ungeübten Anwendung solcher Möglichkeiten besteht darin, den anderen »nachzumachen«. Was eher zur Irritation des Gegenübers und damit genau zum Gegenteil eines guten Kontaktes führen kann. Seien Sie daher vorsichtig und üben Sie Rapport zunächst in einem geschützten Umfeld, zum Beispiel im Seminar oder mit Freunden und Bekannten. Diese sollten Sie aber unbedingt vorher darüber informieren.

Wenn Sie offen und selbstbewusst auftreten wollen, aber auch konkrete Anliegen vorbringen möchten, verwenden Sie im Gespräch öfter das Wort »ich«. Ich-Botschaften spiegeln wider, was Sie wirklich wollen, denken und fühlen. Beachten Sie dabei die Reihenfolge Ihrer Aussagen:

● Beschreiben Sie konkret das (störende) Verhalten.
● Erläutern Sie Ihre Gefühle dabei.
● Schildern Sie, welche Auswirkungen (Konsequenzen) das Verhalten auf Sie beziehungsweise die Beziehung zum Gesprächspartner hat. Zum Beispiel: »Ich habe beobachtet, dass Sie in der letzten Woche dreimal zu spät gekommen sind. Das ärgert mich. Wenn Sie weiterhin zu spät kommen, werde ich Ihnen die Fehlzeit vom Lohn abziehen.«

Möchte der Empfänger einer Botschaft sicherstellen, dass er diese richtig verstanden hat, muss er aktiv zuhören. Der Empfänger nimmt die Botschaft auf und interpretiert sie. Das bedeutet, sich auf den Gesprächspartner und dessen Botschaften zu konzentrieren. Dazu nutzt der Empfänger

- Türöffner (zum Beispiel »Möchten Sie darüber sprechen«),
- Aufmerksamkeitsreaktionen (zum Beispiel Augenkontakt, Nicken und Aussagen wie »Mm-hmm«, »oh«, »Ich verstehe«),
- passives Zuhören.

Im Anschluss daran sagt der Empfänger durch Rückmeldung (Feedback) dem Sender, wie er dessen Botschaft interpretiert, um sein Verständnis vom Gesagten darzulegen und idealerweise eine Zustimmung zu erhalten. Feedback bedeutet, dass der Empfänger dem Sender genau mitteilt, wie er die Botschaft entschlüsselt und bewertet, das heißt verstanden hat. Durch eine solche Rückmeldung erhält der Sender Informationen darüber, was beim Empfänger angekommen ist. So ist es möglich sicherzustellen, dass der Ausdruck des Senders dem Eindruck des Empfängers entspricht. Nur dann ist die Übermittlung der Botschaft erfolgreich. Damit ist noch nicht ausgesagt, dass diese dem Empfänger auch gefällt. Beim Geben von Feedback gibt es einige Regeln zu beachten:

- Der Empfänger sollte bereit und interessiert sein.
- Das Feedback sollte dem Gesprächsverlauf und der Situation angemessen sein.
- Geben Sie Feedback unmittelbar.
- Beschreiben Sie sichtbares, beobachtbares Verhalten und vermeiden Sie Interpretationen.
- Prüfen Sie, ob Ihr Feedback richtig angekommen ist.

Für den Empfänger von Feedback wiederum ist wichtig, möglichst oft um Feedback zu bitten. Es ist die Grundvoraussetzung für soziales Lernen. Wenn Sie beispielsweise Feedback von einem Mitarbeiter erhalten, sollten Sie keinesfalls lange darüber argumentieren und sich zu verteidigen suchen. Sie sollten die Bedeutung der Informationen überprüfen und Ihre Reaktionen mitteilen. Diese Offenheit hilft, Missverständnisse frühzeitig zu erkennen und auszuräumen.

Natürlich sollten Sie die gezeigten Techniken möglichst in allen Gesprächen einsetzen. Die Ausführungen gelten zudem für Besprechungen mit mehreren Personen. Dabei erhöhen sich lediglich die Komplexität und die möglichen Quellen des Missverstehens.

Buchtipps: Wenn Sie sich ausführlich über das Thema Kommunikation informieren möchten, dann empfehle ich Ihnen die drei Bände von Friedemann Schulz von Thun »Miteinander reden« sowie das Buch »Kommunikation klipp und klar« von Kris Cole.

Mit Fragen führen

»Wer eine Frage stellt, bleibt ein Narr für fünf Minuten. Wer keine Frage stellt, bleibt ein Narr für das Leben.« (Sprichwort)

Die Situation sieht für Sie vielleicht so aus: Sie sind mit der Durchführung von Gesprächen und Besprechungen unzufrieden. Sie benötigen bestimmte Informationen, die Sie nicht immer in der erforderlichen Zeit und Qualität erhalten. Sie haben das Problem, dass Sie nicht wissen, wie Sie das verbessern können. Es ist Ihnen unklar, welche Frageformen in welcher Situation am besten geeignet sind. Die Steuerung von Gesprächen und Meetings gestaltet sich schwierig, und sie gleiten Ihnen gelegentlich aus der Hand. Ihr Ziel lautet daher: effizient Informationen gewinnen. Gespräche mit Hilfe von guten Fragen zielgerichtet steuern und effizient abschließen.

»Wer fragt, der führt.« Das hat auch heute noch Bedeutung. Die Vorteile einer guten Fragetechnik sind vielfältig. Denn wer fragt:

- strukturiert und steuert ein Gespräch,
- aktiviert den Gesprächspartner, führt hin zu einem echten Dialog,
- erhält zielgerichtet die Informationen, die er benötigt,
- kann heikle Situationen geschickt abfangen,
- kann gewünschte Antworten oder Reaktionen hervorrufen,
- wirkt sympathisch,
- kommt schneller auf den Punkt, gewinnt Zeit und
- regt andere zum Mitdenken an.

Voraussetzungen für eine gute Fragetechnik sind: gute Gesprächsvorbereitung, Einfühlungsvermögen, Interpretationsfähigkeit, Formulierungsvermögen sowie ein gewisses Maß an Schlagfertigkeit.

Zunächst sollten Sie die unterschiedlichen Fragetypen beachten: Generell lassen sich Fragen in geschlossene Fragen (nur Ja-/Nein-Antwort möglich) und offene Fragen, so genannte W-Fragen (wer, wie, was, wann, wo, womit, warum), unterscheiden. Wenn Sie Informationen erhalten möchten, dann sind die offenen W-Fragen auf jeden Fall besser geeignet. Um Themen abzuschließen und zu Entscheidungen zu kommen, sollten Sie besser die geschlossenen Fragen verwenden. Die unterschiedlichen Verwendungszwecke von Fragen zeigt die folgende Übersicht.

Fragetypen	Beispiel	Ziel
Informationsfragen	Welches Buch lesen Sie gerade?	Konkret bestimmte Informationen gewinnen.
Gegenfragen	Was steckt hinter dieser Frage?	Die Initiative wieder zurückgewinnen.
Geschlossene Fragen	Haben Sie noch Ergänzungen anzubringen?	Sachverhalte konkretisieren.
Aufschließende Fragen	Welchen Eindruck haben Sie bisher von dieser Sache?	Den Partner für neue Ideen gewinnen.
Suggestivfragen	Sie wissen doch auch, dass ...?	Den Gesprächspartner beeinflussen.
Alternativfragen	Sehen Sie die Entwicklung in diese oder eher in jene Richtung gehen?	Den anderen zur Entscheidung bringen.
Bedarfsfragen	Welche Ziele haben Sie?	Informationen gewinnen und an den Partner annähern.
Prüffragen	Gibt Ihnen diese Lösung, was Sie sich erhofft haben?	Auffassung des Gesprächspartners überprüfen.
Motivationsfragen	Diese Gedanken sind sehr interessant. Wie sind Sie darauf gekommen?	Die wirklichen Beweggründe des Gegenübers offenbaren.

Fragetypen	Beispiel	Ziel
Rhetorische Fragen	Wer kennt nicht die Angst vor neuen Lösungen? Wenn Sie sich für diese Lösung entscheiden, dann ...	Die Aufmerksamkeit des Gesprächspartners gewinnen beziehungsweise erhalten.
Kontrollfrage	Habe ich richtig verstanden, dass Sie sagen ... Ja? Wirklich?	Den richtigen Empfang der erhaltenen Botschaft klären.
Frage mit impliziter Antwort	Was finden Sie denn an meinem Vorschlag unrealistisch?	Die Antwort des Befragten in eine bestimmte Richtung lenken.
Prozessfrage	Wie machen wir den jetzt weiter?	Gesprächsverlauf steuern.
Überleitungsfrage	Und wie ging es weiter?	Neuen Gesprächsabschnitt einleiten.
Hypothetische Fragen	Was wäre, wenn wir uns einigen könnten?	Hypothesen des Fragers überprüfen.
Fragen nach Unterschieden	War das schon immer so, oder gab es eine Situation, wo es anders war?	Unterschiede identifizieren.
Zirkuläre Fragen	Wenn ich Ihren Vorgesetzten dazu fragen würde, was würde er mir antworten?	Beim Partner einen anderen geistigen Zugang zu Informationen herbeiführen.

Wenn Sie sich auf Ihr nächstes Gespräch vorbereiten, dann beachten Sie doch einmal die folgenden Fragen: Was sind meine Ziele des Gesprächs? Welche Informationen benötige ich? Warum? Welche Antworten kenne oder vermute ich? Was ist der Zweck, den anderen dennoch danach zu befragen? Was mache ich mit den Antworten? Wie und in welcher Reihenfolge stelle ich die Fragen? Wie stelle ich sicher, auf alle meine Fragen eine Antwort zu bekommen?

Gut bewährt haben sich bei der Fragetechnik folgende Regeln: Beginnen Sie grundsätzlich erst mit eher allgemeinen Fragen. Stellen Sie sich in Ihrer Wortwahl auf Ihr Gegenüber ein. Knüpfen Sie an konkrete Erfahrungen des Gesprächspartners an. Stellen Sie kurze, verständliche Fragen. Vermeiden Sie Kettenfragen. Seien Sie so konkret wie möglich. Auch Schweigen ist eine Art des Fragens!

Gezielt informieren

>»Informationen sind notwendig. Wo sie fehlen, entsteht kein Vakuum, da machen sich viel eher Gerüchte, Klatsch und Missverständnisse breit.«
>*Hans-Christian Altmann*

Stellen Sie sich folgende Situation vor: Sie sollen Ihre Mitarbeiter über organisatorische Veränderungen und die sich daraus ergebenden Konsequenzen informieren. Ihr Problem: Sie wissen nicht, was, wann und wie Sie mit Ihren Mitarbeiter kommunizieren können. Daher lautet Ihr Ziel: Sie möchten Ihre Mitarbeitern zielgerichtet, zeitnah und wirkungsvoll mit relevanten Informationen versorgen.

Der Informationsaustausch gehört zu den wichtigsten Voraussetzungen einer reibungslosen und erfolgreichen Zusammenarbeit. Ihre Führungsaufgabe verfolgt dabei folgende Ziele: Sie müssen die Mitarbeiter über wichtige Rahmenbedingungen informieren und so deren Tätigkeit für die Gesamtorganisation verdeutlichen. Sie müssen sicherstellen, dass Informationen, die durch die Mitarbeiter selbst generiert wurden, an relevante Empfänger weitergegeben werden. Sie müssen dafür sorgen, dass der Informationsfluss kontinuierlich läuft. Das bedeutet, die richtigen Informationen (was?) müssen in der geeigneten Form (wie?), auf dem geeigneten Weg (wie?), zur richtigen Zeit (wann?), zum richtigen Empfänger gesendet werden (wer?), um dort das Handeln zu beeinflussen (wozu?). Dabei sollten Sie auch beachten, dass Wahrnehmungen von Informationen selektiv sind. Der Betrachter nimmt nur (s)einen subjektiven Ausschnitt der Wirklichkeit wahr. Das bedeutet, der Betrachter bewertet auf Grund seiner Werte, Normen, Überzeugungen und Erfahrungen. Sie sind auch beeinflussbar, indem die Aufmerksamkeit des Betrachters zum Beispiel durch Wiederholung bestimmter Informationen über unterschiedliche Kanäle gezielt gelenkt werden kann. Die Wahrnehmungsformen bestimmen den Umfang gespeicherter Informationen. Erinnerungsquoten:

● Hören 20 Prozent,
● Hören und Sehen 50 Prozent,
● Selbst Tun 90 Prozent.

Wenn Sie also Ihre Mitarbeiter oder Ihre Kunden wirkungsvoll und nachhaltig informieren möchten, sollten Sie folgende Grundsätze beachten:

- Sprechen Sie die Wahrnehmungskanäle Sehen und Hören an.
- Beziehen Sie auch Emotionen mit ein und ermöglichen Sie so eine größere Identifikation.
- Lassen Sie die Zuhörer selbst aktiv werden, ermöglichen Sie Rückfragen.

Nutzen Sie dafür auch die vier Verständlichmacher. Sprechen Sie einfach, gegliedert, kurz und prägnant sowie anregend. Stehen längerfristige Maßnahmen oder Projekte an, dann ist eine umfassende Information der Mitarbeiter der erste entscheidende Erfolgsfaktor. Zu Beginn ist es notwendig, umfassend über die Inhalte der Maßnahme oder des Projektauftrages zu informieren, während der Durchführung sollte ein regelmäßiges Berichtswesen über Statusberichte erfolgen.

In einem Unternehmen gibt es natürlich unterschiedliche Kommunikationsmittel und -wege, wie beispielsweise E-Mail oder Hausmitteilungen an die Mitarbeiter, Veröffentlichungen im Intranet, Mitarbeiterzeitschrift, Pressemitteilungen, Betriebsversammlungen, Präsentationen, persönliche Information der Mitarbeiter durch den direkten Vorgesetzten, Workshops und Seminare.

Nutzen Sie diese unterschiedlichen Kommunikationsmittel zielgerichtet. Dafür ist es notwendig, dass Sie sich über Ihre Zielgruppen klar sind, die Sie informieren wollen.

Überzeugend präsentieren

»Es kommt nicht darauf an, wie eine Sache ist, es kommt darauf an, wie sie wirkt.« *Kurt Tucholsky*

Wesentliches Mittel der effizienten Verbreitung von Informationen sind Präsentationen. Es geht dabei um folgende Situation: Sie müssen wichtige Informationen an Ihre Mitarbeiter oder an Kunden weitergeben oder sollen einen Vortrag halten. Ihr Problem besteht darin, dass Sie bisher kaum Präsentationen halten mussten. Sie wissen nicht, wie Sie eine Präsentation am besten gliedern, kennen die Regeln für eine gute Präsentation nicht, wissen nicht, welche Medien Sie wann einsetzen sollen. Ihr Ziel lautet also: Präsentationen effektiv und effizient vorbereiten, durchführen und nachbereiten.

Präsentationen dienen dazu, Informationen zu übermitteln. Ziel ist es, die Adressaten zu informieren, zu überzeugen, zu aktivieren und/oder zu motivieren. Wenn Sie eine Präsentation vorbereiten, dann muss natürlich zunächst das Thema klar sein, damit Sie dazu konkrete Inhalte sammeln, auswählen und auch visualisieren können. Sie müssen die Ziele festlegen, die Sie erreichen möchten. Um die Informationsdichte bestimmen zu können, müssen Sie auch wissen, wie sich die anzusprechende Zielgruppe zusammensetzt.

Anschließend können Sie den genauen Ablauf planen und die Medien bestimmen (Flipchart, Pinnwand, Overheadprojektor, PC/Notebook oder Beamer), die Sie einsetzen möchten. Eventuell können Sie konkrete Unterlagen für die Teilnehmer zusammenstellen.

Beginnen Sie die Präsentation mit einem »zündenden« Aufmacher. Denn ein origineller Einstieg sichert Ihnen die Aufmerksamkeit der Zuhörer. Anschließend nennen Sie das Thema und geben die Gliederung bekannt. Auch den zeitlichen Ablauf sollten Sie vorgeben. Wenn Sie die Ziele nennen, sollten Sie auch einen Bezug herstellen zu den Zuhörern und zum aktuellen Geschehen. Sie können Probleme aufzeigen und praktische Beispiele bringen. In der Einleitung sollten Sie auch die Spielregeln benennen. Denn es muss beispielsweise klar sein, ob Sie Zwischenfragen gestatten oder ob diese erst im Anschluss an die Präsentation erfolgen soll.

Im Hauptteil sollten Sie an die Erwartungen der Adressaten anknüpfen und den Nutzen für diese herausstellen. Geben Sie immer wieder eine Orientierung, indem Sie auf die Gliederung der Präsentation hinweisen. Auch kurze Zusammenfassungen helfen den Zuhörern, den roten Faden nicht zu verlieren. Die Gliederung kann sich an folgenden Schritten orientieren: Ausgangslage, Ziele, Ist-Situation, Stärken und Schwächen, Lösungen, weitere Vorgehensweisen.

Generell sollten Sie bei Präsentationen auf Folgendes achten:

- Stellen Sie immer wieder Blickkontakt zu Ihrem Publikum her.
- Bauen Sie ein Sympathiefeld auf.
- Sprechen Sie laut, deutlich, lebhaft, verständlich und bildhaft.
- Setzen Sie Pausen wirkungsvoll ein.
- Nutzen Sie Betonung und Modulation Ihrer Stimme.
- Setzen Sie Mimik und Gestik gezielt ein.
- Stellen Sie (rhetorische) Fragen.
- Benutzen Sie unterschiedliche Medien.
- Legen Sie Pausen ein.

Zum Abschluss können Sie die Kernaussagen zusammenfassen und auf die Konsequenzen hinweisen. Sie sollten einen Ausblick für die Zukunft geben und gegebenenfalls einen Appell an die Zuhörer richten. Auch den persönlichen Dank an die Zuhörer sollten Sie nicht vergessen. Im Anschluss an die Präsentation kann sich noch eine Diskussion ergeben. Dabei kann der Vortragende selbst oder eine andere Person als Moderator fungieren (s. auch S. 151ff.).

Eine Präsentation sollte auch stets nachbereitet werden. Sie können ein kurzes Protokoll anfertigen und sich vielleicht ein Feedback von Zuhörern einholen, damit Sie eine konstruktive »Manöverkritik« durchführen können. Dabei können Sie sich fragen: Ist die Zielsetzung erreicht worden? Stimmte die Auswahl der Teilnehmer? Entsprach die inhaltliche Aufbereitung der Präsentation den Bedingungen der Zielgruppe? Hat sich der Ablauf bewährt? Sind die einzelnen Phasen gelungen? War die Organisation gut? Wurden die Medien adäquat eingesetzt? Wie war die Beziehung, der Kontakt zu den Teilnehmern?

Denken Sie immer daran: Der Erfolg einer Präsentation hängt sehr stark von der Persönlichkeit und dem Verhalten des Vortragenden ab. Bereiten Sie sich deshalb gut vor. Bauen Sie Ihr Lampenfieber ab. Nutzen Sie dazu Entspannungstechniken, stimmen Sie sich positiv ein und üben Sie bei jeder Gelegenheit. Auch äußerlich sollte Ihr Auftritt stimmen.

Für die Visualisierung von Inhalten sollten Sie folgende Grundregeln beachten:

- Jedes Bild braucht einen treffenden Titel.
- Wenige Aussagen pro Bild. Texte kurz und stichwortartig.
- Nicht zu viele Bilder.
- Eindeutige, einprägsame und einfache Grobstruktur.
- Vergleiche nebeneinander abbilden.
- Verwendung von Farbe, Formen und Umrahmungen zur Hervorhebung. Aber: Nicht mehr als drei Farben pro Bild.
- Wichtige Aussagen ins Bildzentrum.
- Harmonie von Bild und Text sollte stimmen.
- Schrift- und Bildgröße auf Raumtiefe abstimmen.
- Gute Nutzung der Fläche.
- Verwenden Sie mehrere Gestaltungselemente für eine Präsentation. Die Gestaltungselemente einer Präsentation lassen sich unterteilen in: Text, freie Grafik und Symbole, Diagramme, Fotos, Videos sowie dreidimensionale Objekte oder Modelle.

 Buchtipps: Ausführlich über Präsentationen können Sie sich in den Büchern »Präsentieren« von Martin Hartmann u.a. sowie »Visualisieren – Präsentieren – Moderieren von Josef W. Seifert und Silvia Pattay informieren.

Mitarbeiter einstellen, entwickeln und fördern

Personalentwicklung als Führungsaufgabe

»Der Ärger über einen schlechten Mitarbeiter dauert länger als die Freude über sein niedriges Gehalt.« (unbekannt)

Die richtigen Mitarbeiter am richtigen Ort – dies wünscht sich natürlich jedes Unternehmen. Vielleicht sind auch Sie in der Situation, dass Sie für die Entwicklung Ihrer Mitarbeiter verantwortlich sind. Sie sollen beispielsweise einen neuen Bereich aufbauen und suchen dafür geeignete Mitarbeiter. Oder: Sie möchten Ihre Mitarbeiter beurteilen und entsprechend ihren Fähigkeiten weiter fördern.

Ihr Problem ist, dass Sie sich nicht ganz im Klaren darüber sind, worin genau Ihre Aufgabe besteht, welche Maßnahmen geeignet und welche Verhaltensweisen angebracht sind. Ihr Ziel lautet daher: Sie möchten Ihre Personalentwicklungsaufgaben erfolgreich wahrnehmen, Bewerbungs- und Beurteilungsgespräche erfolgreich führen sowie Mitarbeiter systematisch einarbeiten können.

Es ist bekannt: Personalentwicklung (PE) leistet durch Bildung und Förderung von Mitarbeitern einen Beitrag zur Organisationsentwicklung (s. auch Veränderungsprozesse, S. 113ff.). Personalentwicklung ist eine dauerhafte, nicht delegierbare Führungsaufgabe, die die Führungskräfte vor Ort wahrnehmen müssen. Sie ermitteln den Bildungsbedarf, identifizieren förderungswürdige Nachwuchskräfte, unterstützen Team- und Projektarbeit und sorgen für ihre eigene Weiterbildung. Führungskräfte sind so aktiv in den Prozess der Personalentwicklung eingebunden. Die verschiedenen Prozessschritte und die sich für Sie ergebenden Aufgaben für die Personalentwicklung sehen folgendermaßen aus:

- Mitarbeiter suchen und auswählen,
- Mitarbeiter einarbeiten,
- Mitarbeiter beurteilen,
- Mitarbeiter fördern,
- Mitarbeiter langfristig binden und halten,
- Mitarbeiter coachen,
- sich von Mitarbeitern trennen.

Es zeigt sich also, dass eine Führungskraft im Hinblick auf die Personalentwicklung vielfältige Aufgaben wahrnehmen muss. Es würde den Rahmen dieses Buches sprengen, jede einzelne Aufgabe im Detail darzustellen. Im Folgenden gehe ich daher nur auf die wichtigen beziehungsweise häufig vorkommenden Aufgaben ein. Im Anschluss daran folgen konkrete Hinweise und Maßnahmen.

Mitarbeiter suchen und auswählen

Der erste Schritt besteht darin, geeignete Mitarbeiter einzustellen:

 Sie müssen beispielsweise die Stelle des Werbeleiters neu besetzen. Die Stelle intern zu besetzen ist gescheitert. Nun stehen die ersten Bewerbungsgespräche an.

Berücksichtigen Sie beim Führen von Bewerbungsgesprächen immer die allgemeinen Hinweise zum Mitarbeitergespräch (s. S. 108ff.). Primäres Ziel eines Bewerbungsgespräches ist es, die vorselektierten Kandidaten im persönlichen Kontakt zu erleben, Fragen zu vertiefen, mündliche und schriftliche Angaben zu vergleichen und den besten Bewerber auszuwählen. Klären Sie vorher, auf welche Fragen Sie unbedingt eine Antwort brauchen. Mögliche Fragen:

- Was wissen Sie über uns, unsere Marktstellung und Produkte?
- Welche Informationen haben Sie über die vakante Position?
- Wie erklären Sie sich Ihren bisherigen Berufsweg?
- Was haben Sie gelernt und wo?
- Wie sieht Ihre private und familiäre Situation aus?

- Worin besteht Ihre derzeitige Tätigkeit?
- Warum wollen Sie sich jetzt verändern?
- Wie würde Ihr Vorgesetzter Ihre Stärken beschreiben?
- Welche Bedeutung hat Arbeit in Ihrem Leben?
- Gibt es einen Vorgesetzten, der sie sehr beeindruckt hat? Womit?
- Was sind Ihre beruflichen Ziele? Wo möchten Sie in fünf Jahren stehen.

Vermeiden Sie unbedingt unfaire Fragen (Suggestiv-, provokative, Fangfragen) und versuchen Sie, nicht zu viel zu reden. Schließlich möchten Sie etwas über die Bewerber erfahren. In der Regel läuft ein Bewerbungsgespräch in folgenden Schritten ab:

- Begrüßung und gegenseitige Vorstellung.
- Fragen des Bewerbers zum Unternehmen klären.
- Persönliche Situation und Werdegang des Bewerbers darstellen lassen.
- Motivation für die Bewerbung/Veränderung klären.
- Persönliche Eigenschaften, Arbeits- und Sozialverhalten des Bewerbers hinterfragen.
- Vertragliche Rahmenbedingungen klären.
- Über das Unternehmen, die Aufgabe, die Position sowie die vertraglichen Bedingungen informieren.
- Inhalte zusammenfassen, das weitere Vorgehen vereinbaren und Gespräch abschließen.

Sie sollten sich die Auswertung erleichtern, indem Sie die Ergebnisse des Gesprächs auf einem vorstrukturierten Bogen notieren. Denn dann können Sie die Antworten besser bewerten und auch die Kandidaten besser vergleichen.

Mitarbeiter einarbeiten

Häufig unterschätzt, dabei ungeheuer wichtig: die Einarbeitung neuer Mitarbeiter. Denn diese entscheiden meist bereits in der ersten Woche, ob sie die Stelle auch über die Probezeit hinaus behalten wollen! Daher kommt der Einarbeitung neuer Mitarbeiter eine solch hohe Bedeutung zu. Mein Tipp: Nehmen Sie sich am ersten Arbeitstag viel Zeit für den neuen Mitarbeiter. Führen Sie ein ausgiebiges Einführungsgespräch, indem Sie

- grundlegende Informationen über das Unternehmen und zur Orientierung im Unternehmen geben,
- in die Aufgaben, das Team und das Unternehmen einführen,
- die »ungeschriebenen Gesetze« im Unternehmen mitteilen.

Erstellen Sie gemeinsam einen Einführungsplan, der den Mitarbeiter in die Lage versetzt, sowohl das Unternehmen als auch seine Aufgaben so schnell wie möglich kennen zu lernen und bald selbstständig arbeiten zu können. Übertragen Sie so schnell wie möglich auch herausfordernde Aufgaben. Damit können Sie die Qualität testen und gleichzeitig zur Motivation beitragen. Leisten Sie regelmäßig Hilfe bei der Einarbeitung, stehen Sie für Rückfragen jederzeit zur Verfügung und erkundigen Sie sich regelmäßig aktiv nach dem Stand der übertragenen Aufgaben (kontrollieren Sie diese auch!) sowie der Zufriedenheit des Mitarbeiters mit seinen Aufgaben, seinen Kollegen und dem Unternehmen.

Führen Sie nach der Hälfte der Probezeit ein Zwischengespräch, in dem Sie erste Rückmeldungen über die vergangenen Wochen geben und einen Ausblick darüber, wie sich die weitere Probezeit gestaltet und ob Sie derzeit bereit sind, den Mitarbeiter danach weiterzubeschäftigen.

Nutzen Sie, darüber hinausgehend, möglicherweise vorhandene Instrumente wie

- Einführungscheckliste,
- die Patenschaft durch einen Kollegen,
- Einführungsbroschüre,
- Mitarbeiterhandbuch oder auch ein
- Einführungsseminar.

Bereits in dieser ersten Phase legen Sie den Grundstein für eine gute Zusammenarbeit, die sich möglichst langfristig gestaltet.

Mitarbeiter beurteilen

Für die Mitarbeiterbeurteilung gelten natürlich die gleichen Regeln wie für das Mitarbeitergespräch. Die eigentliche Mitarbeiterbeurteilung sollte – entgegen der meist üblichen Praxis – nicht erst kurz vor dem Gespräch beginnen!

Über den gesamten Beurteilungszeitraum hinweg besteht Ihre Aufgabe darin, den Mitarbeiter zu beobachten. Ihre Beobachtungen sollten Sie anhand vorgegebener, standardisierter Merkmale notieren und bewerten, um so zu einer gerechten Beurteilung zu kommen. Typische Beurteilungsmerkmale sind zum Beispiel:

- Kontaktverhalten gegenüber Kollegen, Vorgesetzten, Mitarbeitern sowie Lieferanten und Kunden,
- Quantität und Qualität der Arbeitsergebnisse,
- Engagement und persönlicher Einsatz,
- Zusammenarbeit und Sozialverhalten (Teamarbeit, individuelle Stärken einbringen),
- Selbstständigkeit, Eigeninitiative und Selbstmotivation,
- Belastbarkeit (physisch und psychisch),
- wirtschaftliches Denken und Handeln (Kostenbewusstsein, effizienter Einsatz von Ressourcen).

Bei Ihrer Beobachtung sollten Sie beherzigen, dass Sie unbedingt wertneutral beobachten. Bei neuen Mitarbeitern sollten Sie auch die Eingewöhnungszeit berücksichtigen. Der Beobachtungszeitraum sollte nicht zu knapp bemessen sein. Führen Sie Ihre Beurteilung lieber systematisch durch und halten Sie Ihre Erkenntnisse schriftlich fest.

Typische Beurteilungsfehler, die immer wieder auftauchen sind:

- Durch die Macht des ersten beziehungsweise letzten Eindrucks werden falsche Schlüsse gezogen.
- Einzeleffekte werden überbewertet.
- Voreilige Schlüsse werden gezogen.
- Die unsystematische Beobachtung und Dokumentation führen zu einseitigen Beurteilungen.

- Die Urteile erfolgen auf Grund von Aussagen Dritter.
- Selektive Wahrnehmung.
- Verzerrungen auf Grund wachsender zeitlicher Distanz.
- Mangelnde Flexibilität, die einmal vorgenommene Klassifizierung wird trotz gegenteiliger Erfahrungen nicht mehr geändert.
- Verallgemeinerungen oder Vorurteile.
- Unausgewogene Nähe oder Distanz zum Mitarbeiter, also Sympathie oder Antipathie.
- Sich selbst als Maßstab nehmen.

Diese Fehler sollten Sie natürlich möglichst vermeiden, daher sollten Sie sich diese immer wieder ins Gedächtnis rufen.

Schließlich kommt der Tag, an dem das Beurteilungsgespräch stattfindet. Es läuft idealerweise in folgenden Schritten ab:

- Gesprächseröffnung: Begrüßung; Ziele, Inhalt und Ablauf erläutern.
- Einführung: Aufgabengebiet und Anforderungsprofil klären; Bezug zu anderen Gesprächen herstellen.
- Mitarbeiterbeurteilung (Selbstbild) besprechen: Erläuterung für die Einschätzung geben lassen.
- Vorgesetztenbeurteilung (Fremdbild) besprechen und mit dem Selbstbild abgleichen: Einschätzung geben, diese erläutern und begründen; Rückfragen einfordern und sachlich beantworten; Veränderungsbedarf klären und Perspektiven entwickeln; konkrete Beispiele nennen; Feedbackregeln beachten.
- Weiteres Vorgehen vereinbaren: Ziele und Maßnahmen aus dem Veränderungsbedarf ableiten, vereinbaren und dokumentieren (Entwicklungsplan); Kontrollen zur Sicherstellung der Umsetzung vereinbaren.
- Gesprächsabschluss: Zusammenfassung und einen positiven Ausblick geben.

Dass die Atmosphäre eines solchen Gesprächs positiv sein sollte, dürfte eigentlich klar sein.

Mitarbeitern fördern

Zum Beispiel haben Sie den Auftrag, Ihre Mitarbeiter in Zukunft noch stärker aufgabenorientiert zu fördern und über die Aufgabe selbst zu motivieren. Das bedeutet: Die nächste Aufgabe für den jeweiligen Mitarbeiter sollte größer, umfassender, schwieriger und anspruchsvoller, kurz, eine neue Herausforderung sein.

Mitarbeiter zu fördern heißt, etwas von ihnen zu fordern. Primär geht es darum, beim Mitarbeiter vorhandene und identifizierte Stärken weiterzuentwickeln. Erst in der Folge müssen eventuell auftretende Schwächen ausgemerzt werden. Sie müssen es dem Mitarbeiter ermöglichen, seine Leistung zu erbringen und erst langsam an der erfolgreichen Durchführung seiner neuen Aufgabe zu wachsen. Schließlich ist es Teil Ihrer Führungsaufgabe, die Mitarbeiter entsprechend ihren Fähigkeiten und Potenzialen einzusetzen. Dazu gehört auch, diesen die Weiterentwicklung zu ermöglichen. Schon bei der Mitarbeiterauswahl sollten Sie darauf achten, dass diese über die notwendige Lernbereitschaft und -fähigkeit verfügen.

Gestalten Sie eine positive Beziehung, indem Sie auf individuelle Probleme, Bedürfnisse und Gefühle eingehen. Sie sollten auch jederzeit für Ihre Mitarbeiter ansprechbar seine und diese bei der Bewältigung ihrer Aufgaben unterstützen. Fördern Sie das gegenseitige Vertrauen: Treffen Sie Vereinbarungen und halten Sie sich unbedingt daran!

Setzen Sie Ihre Mitarbeiter entsprechend deren Stärken und Neigungen ein. Die gegebenen Aufgaben sollten aber sowohl deren Fähigkeiten entsprechen als sie auch herausfordern.

Wir haben ja schon weiter vorne im Buch festgestellt, dass Sie Aufgaben delegieren können. Verteilen Sie aber nicht nur Routineaufgaben, sondern auch anspruchsvolle Aufgaben. Sorgen Sie stets für eine zeitnahe, regelmäßige und umfassende Information. Wenn Ihre Mitarbeiter Fehler machen, dann sehen Sie das als Lernchancen und gestalten Sie aktiv Lernprozesse.

Sie haben Ihren Mitarbeiter gebeten, für eine äußerst wichtige Vertriebstagung eine aussagekräftige und motivierende Präsentation für Ihre Verkäufer vorzubereiten. Zwei Tage vor der Veranstaltung bekommen Sie die Ergebnisse zu sehen. Leider entspricht die Struktur nicht der gemeinsam verabredeten Dramaturgie, und die Präsentation selbst ist viel zu textlastig. Bitten Sie Ihren Mitarbeiter, diese Präsentation ein oder zwei Kollegen zur Probe vorzuführen und sich von diesen Feedback einzuholen. Oder geben Sie ihm die Möglichkeit, einen Teil der Präsentation selbst zu halten.

Lassen Sie Minderleistungen nicht zu. Sprechen Sie diese an, weisen Sie auf die Konsequenzen hin und unterstützen Sie den Mitarbeiter dabei, diese nicht zu wiederholen. Gleichmaßen sollten Sie natürlich auch individuelle Leistungssteigerungen erkennen und diese auch artikulieren. Wenn Sie bei einem Mitarbeiter Potenziale erkennen, dann sollten Sie sich für die entsprechenden Rahmenbedingungen einsetzen. Warten Sie nicht auf das jährliche Beurteilungsgespräch, führen Sie Fördergespräche, zeigen Sie Perspektiven auf und leisten Sie aktiv Ihre Beiträge für deren Realisierung. Erhöhen Sie, wann immer möglich, den Handlungsspielraum Ihrer Mitarbeiter und fordern Sie Selbstverantwortung.

Einen wichtigen Punkt sollten Sie auch nie außer Acht lassen: Gestalten Sie die Arbeitbedingungen und -zeiten so, dass auch das Privatleben Ihrer Mitarbeiter nicht zu kurz kommt.

Mitarbeiter langfristig binden und halten

Die Gallup Organization hat in 25 Jahren mehr als eine Million Arbeitnehmer befragt. Im Verlauf der Befragung wurden zwölf Kernfragen identifiziert, denen jene Mitarbeiter zustimmten, die sich durch hohe Loyalität und Produktivität auszeichneten:

1. Weiß ich, was bei der Arbeit von mir erwartet wird?
2. Habe ich die Materialien und Arbeitsmittel, um meine Arbeit richtig zu machen?

3. Habe ich bei der Arbeit jeden Tag Gelegenheit, das zu tun, was ich am besten kann?

4. Habe ich in den vergangenen sieben Tagen für gute Arbeit Anerkennung bekommen?

5. Interessiert sich mein Vorgesetzter oder eine andere Person bei der Arbeit für mich als Mensch?

6. Gibt es bei der Arbeit jemanden, der mich in meiner Entwicklung unterstützt und fördert?

7. Habe ich den Eindruck, dass bei der Arbeit meine Meinungen und Vorstellungen zählen?

8. Geben mir die Ziele und Unternehmensphilosophien meiner Firma das Gefühl, dass meine Arbeit wichtig ist?

9. Sind meine Kollegen bestrebt, Arbeit von hoher Qualität zu leisten?

10. Habe ich innerhalb meiner Firma einen sehr guten Freund?

11. Hat in den vergangenen sechs Monaten jemand in meiner Firma mit mir über meine Fortschritte gesprochen?

12. Hatte ich während des vergangenen Jahres bei der Arbeit Gelegenheit, Neues zu lernen und mich weiterzuentwickeln?

(Quelle: ManagerSeminare 07/01)

Mitarbeiter coachen

»Der Mensch ist ein zielstrebiges Wesen, aber meist strebt er zu viel und zielt zu wenig.« *Günter Radtke*

Mitarbeitercoaching wird zunehmend zu einer wichtigen Führungsaufgabe. Beispielsweise sieht die Situation so aus: Ein Mitarbeiter fällt Ihnen durch besonders gute Leistungen auf. Ein anderer dagegen zeigt auf einmal eine hohe Fehlerquote. Ihr Problem ist nun, dass Sie den guten Mitarbeiter unterstützen möchten, um seine Leistungsfähigkeit zu steigern. Den anderen Mitarbeiter möchten Sie aus seinem Tief herausholen und ihn wieder an die alte Leistungsstärke heranbringen. Bei beiden Mitarbeitern lautet Ihr Ziel: die Mitarbeiter kompetent bei deren Veränderungsprozessen unterstützen und begleiten. Dafür bietet sich ein Mitarbeitercoaching an.

Grundsätzlich ist Coaching als Instrument der Organisationsentwicklung (OE) zu verstehen. Dabei ist zwischen der Führungskraft als Coach und einem unabhängigen Coach zu unterscheiden. Coaching im engeren Sinne ist ein zeitlich begrenzter, ziel- und ressourcenorientierter Beratungsprozess, um Menschen im beruflichen Kontext individuell zu unterstützen. Er beruht auf Freiwilligkeit, gegenseitiger Akzeptanz, Vertrauen und bedient sich des persönlichen Kontaktes und der Unabhängigkeit des Coachs. Dabei setzt der Coach unterschiedliche Interventionstechniken ein.

Coaching durch die Führungskraft kann in diesem engen Sinn nicht stattfinden, da die Bedingungen Freiwilligkeit und Vertrauen nicht immer, die Bedingung Unabhängigkeit der Führungskraft als Coach überhaupt nicht erfüllt sind.

Coaching von Mitarbeitern kann daher nur als Unterweisen, Anleiten, Beraten und Fördern des Mitarbeiters zur Bewältigung seiner beruflichen Aufgaben verstanden werden. Dies schließt die Bearbeitung von sehr persönlichen Themen, auch zur weiteren beruflichen Karriere, definitiv aus! Coaching von Mitarbeitern kann zudem nicht funktionieren, wenn es um schwerwiegende persönliche Probleme beim Mitarbeiter beziehungsweise um Probleme zwischen der Führungskraft und dem Mitarbeiter geht.

Sollte sich beispielsweise bei dem Mitarbeiter mit der hohen Fehlerquote herausstellen, dass seine Frau arbeitslos wurde oder bei ihm ein unheilbares Leiden festgestellt wurde, dann ist Coaching ungeeignet.

Ziel eines Mitarbeitercoachings ist immer die fachliche Unterstützung und Verbesserung der Mitarbeiterleistung. Daneben sollen Selbstständigkeit und Eigenverantwortung des Mitarbeiters gestärkt werden. Meist werden berufsspezifische Themen behandelt.

Beispielsweise soll ein Mitarbeiter eine Präsentation seiner Arbeitsergebnisse vor dem Vorstand durchführen. Er hat vorher jedoch noch keine solch wichtige Präsentation abgehalten. Dabei unterstützt ihn nun der Vorgesetzte, indem er methodische Hinweise einbringt und Feedback.

Weitere typische Themen für ein Mitarbeitercoaching können sein: die angestrebte Aufgabenerfüllung unterstützen, das Erreichen von vereinbarten Zielen begleiten, dazu hilfreiche Verhaltensstrategien erarbeiten, generell die weitere Entwicklung und Förderung des Mitarbeiters sowie Coaching bei der Übernahme neuer Aufgaben.

Die Rolle als Führungskraft wird also erweitert um die Rolle als Partner bei Entwicklungsprozessen. Dies bedeutet, dass eine spezifische innere Haltung eingenommen wird: Der Vorgesetzte muss sich nämlich nun als Partner und Berater des Mitarbeiters verstehen. In der Konsequenz bedeutet das: weg vom hierarischen Oben-unten-Denken hin zu einer gleichwertigen Partnerschaft.

Wenn Sie nun einen Mitarbeiter coachen, dann sollten Sie noch stärker darauf achten, dass die Gesprächsführung darauf ausgerichtet ist, dass der Mitarbeiter selbst überlegt, wie er weiter vorgeht, und nicht einfach Ihre Ratschläge oder Ihre Vorgaben übernimmt. Wie Sie ja schon auf Seite 171 gesehen haben, erreichen Sie dies am besten, indem Sie Fragen stellen. Schaffen Sie geeignete Rahmenbedingungen für solche Gespräche. Das bedeutet: keine Störungen, ausreichend Zeit, Distanz zum Arbeitsplatz, angenehme Atmosphäre.

Jederzeitige Transparenz und Offenheit über den Prozess und die eigenen Absichten sind unabdingbar und wirken vertrauensfördernd auf den Mitarbeiter. Die Führungskraft selbst kann dabei als Modell dienen, an dem der Mitarbeiter sich orientieren kann. Dies setzt allerdings ein hohes Maß an Authentizität und Reflexionsfähigkeit voraus.

Am besten schließen Sie mit dem jeweiligen Mitarbeiter eine Vereinbarung, in der alles geregelt wird:

- Zielvorgaben, eigene Erwartungen und Ziele der Führungskraft (Ziele, s. S. 87ff.).
- Rollenklärung (wer darf was machen beziehungsweise nicht machen?).
- Umgang mit Konflikten (Konfliktmanagement, s. S. 135ff.) und Abbruchmöglichkeiten.
- Rahmenbedingungen.

Eines sollten Sie niemals aus den Augen verlieren, nämlich mögliche Rollenkonfusionen und die sich daraus ergebenden Konsequenzen.

💡 Ein Mitarbeiter hat Schwierigkeiten, seine mit der Führungskraft vereinbarten Ziele zu erreichen. Von der Zielerreichung hängt entscheidend der Bonus der Führungskraft ab. Hier besteht schnell die Gefahr, dass unter dem Deckmantel »Coaching« der Mitarbeiter bedrängt wird und alle guten Absichten außer Acht gelassen werden.

Sobald Sie dies feststellen, sollten Sie lieber auf das Mitarbeitercoaching verzichten und andere Wege wählen, beispielsweise die Unterstützung durch Personalentwickler oder einen externen Coach. Ein Mitarbeitercoaching läuft in folgenden Schritten ab:

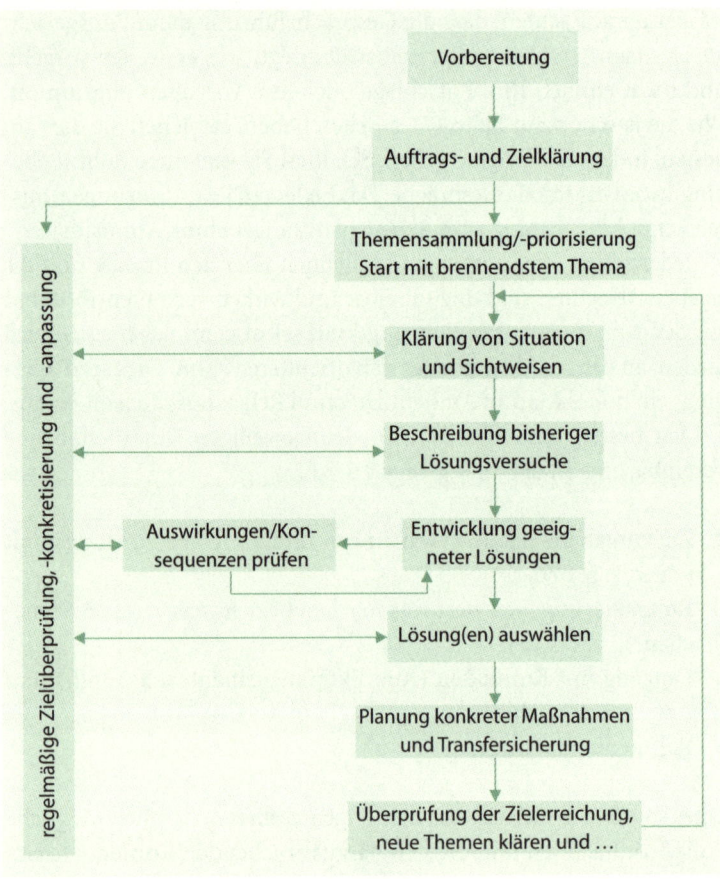

Diese einzelnen Schritte lassen sich wie folgt kurz beschreiben:

- **Vorbereitung:** Inhaltlich und emotional auf das Coaching einstimmen.
- **Auftrags- und Zielklärung:** Wesentliche Rahmenbedingungen sowie Arbeits- und Vorgehensweisen festlegen, Ziele für die weitere Zusammenarbeit klären.
- **Regelmäßige Zielüberprüfung, Konkretisierung und -anpassung:** Ziele als Steuerungsmittel eines Coachinggespräches verstehen und nutzen, regelmäßig die Zielorientierung überprüfen und diese konkretisieren sowie anpassen.
- **Themensammlung und -priorisierung:** Zunächst alle Themen besprechen, die anstehen, damit Sie einen Überblick erhalten; anschließend Reihenfolge bestimmen und mit dem wichtigsten und dringendsten Thema beginnen.
- **Klärung von Situation und Sichtweisen:** Situation erhellen, alle Beteiligten befragen, deren Sichtweisen, den Zusammenhang und die Rahmenbedingungen klären.
- **Beschreibung bisheriger Lösungsversuche:** »Ankopplung« an den Mitarbeiter vertiefen; feststellen, was bisher zur Problemlösung unternommen wurde (und nicht funktionierte).
- **Entwicklung geeigneter Lösungen:** Zieladäquate Lösungsmöglichkeiten ausarbeiten.
- **Auswirkungen und Konsequenzen prüfen:** Auswirkungen der Lösungsvarianten im Hinblick auf das Erreichen der gesteckten Ziele prüfen und notfalls die entwickelten Lösungen anpassen.
- **Lösung(en) auswählen:** Die beste(n) Lösung(en) heraussuchen.
- **Planung konkreter Maßnahmen und Transfersicherung:** Erste Umsetzungsschritte und Ergebnisse konkret definieren und »einüben«.
- **Überprüfung der Zielerreichung, neue Themen klären:** Rückschau halten, Erfolge absichern und bestärken, Misserfolge ergründen und »nacharbeiten«, Themen für die nächste Sitzung klären und weiterarbeiten

Weitere Hinweise und Tipps zum Coaching finden Sie in meinem Buch »Praxisbuch Coaching«.

Folgende Prinzipien des Mitarbeitercoachings sollten Sie stets im Blick behalten:

- Zielorientiert: Sowohl für den gesamten Coachingprozess als auch für jede Sitzung werden konkrete Ziele vereinbart und abschließend überprüft.
- Ressourcenorientiert: Der Mitarbeiter wird dabei unterstützt, seine Stärken und Fähigkeiten zu erkennen, diese weiterzuentwickeln und so flexiblere Denk- und Verhaltensweisen sicherzustellen. Insbesondere bereits vorhandenes Potenzial soll identifiziert und nutzbar gemacht werden. Dahinter steht die Grundannahme, dass jeder Mensch das notwendige Potenzial besitzt, seine Aufgaben und Probleme selbst zu lösen. Coaching hilft, dies zugänglich zu machen, und ist als Hilfe zur Selbsthilfe zu verstehen.
- Lösungsorientiert: Es geht primär um das Erarbeiten der Lösung von Problemen und nicht, diese bis ins Detail zu definieren und zu analysieren.
- Systemisch: Der gesamte Zusammenhang und das Umfeld werden in die Problemanalyse und Lösungserarbeitung einbezogen.
- Personenorientiert: Das bedeutet, dass wertschätzend, achtungsvoll, einfühlsam, aber auch konfrontierend, ehrlich und offen mit dem Mitarbeiter zu arbeiten ist.

Coaching wird in Zukunft eine der zentralen Schlüsselaufgaben für Führungskräfte darstellen. Sie sollten sich darauf unbedingt einstellen und vorbereiten.

Eigene Position festigen und ausbauen

Beziehungsmanagement

»Ich liefere Wertschätzung, denn sie bewirkt persönliche Verbundenheit.«
Stefan F. Gross

Gehen wir zunächst einmal von der Situation aus, dass Sie neu in einem Unternehmen, einem Bereich oder einer Abteilung sind. Das bedeutet für Sie, dass Sie zunächst eine Orientierung brauchen und möglichst auch die Unterstützung durch Vorgesetzte, Kollegen und Mitarbeiter. Ihr Problem besteht darin, dass Sie noch nicht wissen, wie Sie vorgehen sollen. Daher lautet Ihr Ziel: Aufbau tragfähiger und langfristiger beruflicher Beziehungen, um Ihre eigene Führungsarbeit zum Erfolg zu führen.

Das Schlagwort Networking taucht häufig auf, wenn es darum geht, ein berufliches Netzwerk aufzubauen. Diese Kontakte zwecks gegenseitiger Unterstützung und Hilfe müssen natürlich auch gepflegt werden. Gerade in Krisenzeiten ist ein solides Beziehungsnetz wichtig. Bauen Sie es daher auf, bevor Sie es nötig haben!

Machen Sie sich Ihr derzeitiges Netzwerk bewusst. Sie werden überrascht sein, zu wem Sie bereits tragfähige Beziehungen unterhalten. Pflegen Sie diese. Und Sie entdecken möglicherweise, welche Kontakte Ihnen fehlen. Daran sollten Sie unbedingt arbeiten! Solche wichtigen Kontakte bestehen beispielsweise zu Vorgesetzten, Kollegen, Mitarbeitern, Lieferanten, Kunden oder auch zu Kollegen aus anderen Unternehmen.

Das amerikanische Autor Harvey Mackay beschreibt in seinem Buch »Networking«, wie Kontakte gepflegt, gehalten und genutzt werden können. Die vier Elemente der Beziehungspflege sind für ihn: W.A.G.E.

- Wechselseitigkeit,
- Abhängigkeit,
- Gemeinsamkeiten,
- Erhaltung.

Gudrun Fey (1999) nennt folgende Eigenschaften als Voraussetzung für ein erfolgreiches Beziehungsmanagement: Kommunikationsfreude, Hilfsbereitschaft, Interesse am Gegenüber, Teamfähigkeit, Freundlichkeit, Pünktlichkeit, Neugierde, ausdrucksstarke Körpersprache, Blickkontakt, richtige Körperhaltung, positiv denken und handeln, gutes Namensgedächtnis, es anderen Menschen leicht machen, sich Ihren Namen einzuprägen. Nur wenn diese Elemente vorhanden sind, ist Beziehungsmanagement und -pflege möglich.

Wenn Sie andere für sich gewinnen möchten, dann sollten Sie lernen, aktiv zuzuhören, unterbrechen Sie Ihren Gesprächspartner nicht vorzeitig, sondern hören Sie geduldig zu. Signalisieren Sie auch, dass Sie andere Meinungen als gleichwertig akzeptieren. Zeigen Sie Interesse für den anderen, indem Sie Fragen stellen. Geben Sie Informationen bereitwillig und verbergen Sie nicht aus falschem Machtverständnis heraus wichtige Details.

Ein gute Portion Humor hilft Ihnen in vielen Situationen weiter und macht Sie auch sympathisch. Zeigen Sie auch Gefühle. Ihren Netzwerkpartnern sollten Sie wie stets Ihren Gesprächspartnern Aufmerksamkeit und Wertschätzung geben. Denn nur so können Sie langfristig Vertrauen aufbauen.

Kontakte aufbauen

Mein Tipp: Bauen Sie Verbindungen auf, bevor Sie diese brauchen. Beachten Sie stets das Gebot der Gegenseitigkeit. Denn das einseitige Ausnutzen von Kontakten wird meist schnell entlarvt. Das bedeutet auch: Übernehmen Sie unaufgefordert die Initiative und Verantwortung. Vertiefen Sie neu geknüpfte Kontakte sofort durch einen Anruf, einen Brief, durch E-Mails oder die Zusendung eines Zeitungsausschnittes. Nutzen Sie neu entstandene Kontakte so schnell wie möglich als Test und zur Festigung der Beziehung.

Besprechungen und Sitzungen sind bestens geeignet zum Aufbau nützlicher Beziehungen. Nehmen Sie Ihre Netzwerktermine ernst! Gehen Sie mit Informationen respektvoll um und bedanken Sie sich dafür. Vergessen Sie auch nie den Spaß an der Sache.

Machen Sie sich Notizen zu Ihren Netzwerkpartnern und nutzen Sie diese gezielt. Notieren Sie sich beispielsweise: Vorlieben, Hobbys und Interessen, Partner, Geburtstage. Diese Informationen sind geeignet für die spätere Kontaktpflege.

Kontakte pflegen

Kontakte können Sie nicht nur persönlich, sondern auch telefonisch und schriftlich pflegen. Nutzen Sie beispielsweise lange Bahnfahrten zur Beziehungspflege. Telefonieren Sie, schreiben Sie E-Mails oder kurze Grußkarten. Lassen Sie den Kontakt nie abbrechen und bringen Sie sich immer wieder in Erinnerung. Vergessen Sie nie Geburtstage und Jubiläen!

Nutzen Sie das Mittagessen (Kantine oder außerhalb) zur Pflege beruflicher Beziehungen. Bitten Sie durchaus auch Kollegen um Hilfe und Unterstützung. Besprechen Sie beispielsweise ein Problem, mit dem Sie nicht weiterkommen.

Ein guter Rat: Geben Sie mehr, als Sie nehmen, und verstehen Sie das als Investition in die Beziehung. In aller Regel kommt etwas zurück. Fragen Sie sich immer: Wie kann ich etwas für den anderen tun? Verschicken Sie interessante Informationen. Teilen Sie anderen wichtige Veränderungen Ihrer Lebenssituation mit.

Bei längerer Funkstille sollten Sie beim ersten Anruf nur für den ersten Kontakt sorgen. Behalten Sie sich Ihr eigentliches Anliegen für einen zweiten Anruf vor.

Stellen Sie sich innerlich auf Ihren Partner ein. Dazu dienen Ihnen die folgenden Fragen:

- Was schätzt er besonders? Worüber freut er sich? Wovon ist er begeistert?

- Wozu sollte ich deshalb kein negatives Urteil abgeben? Was sollte ich nicht kritisieren? Was sollte ich nicht herabwürdigen und herabsetzen?
- Welche Probleme hat er? Was belastet ihn? Worüber sorgt er sich? Was empfindet er als persönlichen »Schicksalsschlag«?
- Welche Themen sollte ich deshalb eher vermeiden? Wo muss ich besonders behutsam sein? Worüber sollte ich nie Witze machen?

Insbesondere beim Führungswechsel spielt der Aufbau von Schlüsselbeziehungen eine zentrale Rolle. Peter Fischer (1993) nennt sieben Bausteine eines erfolgreichen Führungswechsels:

- Den Erwartungen offensiv begegnen.
- Die Schlüsselbeziehungen entwickeln.
- Die Ausgangssituation konstruktiv analysieren.
- Eine motivierende Ziellandschaft entwerfen.
- Ein positives Veränderungsklima fördern.
- Veränderungen wirkungsvoll initiieren.
- Symbole und Rituale nutzen.

Schlüsselpersonen sind in diesem Zusammenhang: Vorgänger, Mitarbeiter, Kollegen, heimliche Mitbewerber, Vorgesetzte und Kunden. Zur Entwicklung solcher Schlüsselbeziehungen am Anfang einer neuen Führungsaufgabe schlägt Fischer vor, sich mit den folgenden Fragen zu beschäftigen.

- **Fragen, um unnötige Konkurrenz mit dem Vorgänger zu vermeiden:** Worin unterscheiden Sie sich von ihrem Vorgänger? Welcher Unterschied ist Ihnen wichtig? Wie können Sie diesen Unterschied begründen, ohne zu sagen, dass Ihr Vorgänger Fehler gemacht hat? Auf welchen Gebieten war Ihr Vorgänger eventuell besser als Sie? Angenommen, Ihr Vorgänger wäre noch in der Abteilung, womit wäre er bestimmt nicht einverstanden?
- **Differenzierung der anstehenden Themen:** Fragen Sie Ihre Mitarbeiter, wie diese die Themen in eine Rangfolge bringen würden. Fragen Sie: Welche Themen sind miteinander verknüpft? Was muss nach Meinung Ihrer Mitarbeiter aus der Sicht der

Kunden am dringendsten gelöst werden? Welche Probleme lassen sich mit vorhandenen Mitteln lösen? Aber fragen Sie auch danach, ob die genannten Probleme schon lange bekannt sind. Was wurde bereits alles versucht, um die Probleme zu beseitigen? Warum kam es bisher zu keiner dauerhaften Lösung?

● **Fragen zur Entwicklung von Macht und Einfluss:** Wessen Kooperation werde ich benötigen, um zu erreichen, was ich anstrebe? Welches werden deren Standpunkte sein, und was werden sie wohl von meinen Absichten halten? Wer wird mein Anliegen verzögern oder in die falsche Bahn lenken können? Wer wird von dem, was ich anstrebe, betroffen sein, sodass er meine Intentionen zu verhindern sucht? Worin liegt meine Basis für Macht und Einfluss? Wie kann ich diese Basis noch ausbauen, um meine Entscheidung zu unterstützen? Welche Beziehungen muss ich knüpfen, um über die Ereignisse im Unternehmen schnell genug informiert zu sein?

Selbstdisziplin

»Selbstdisziplin beginnt im Kopf!« *Marc Stollreiter, Johannes Völgyfy*

Stellen Sie sich folgende Situation vor: Sie sollen eine neue Aufgabe übernehmen beziehungsweise möchten diese nunmehr erfolgreich beenden. Ihr Problem: Trotz aller Versuche gelingt es Ihnen nicht, die Aufgabe anzufangen beziehungsweise sie zu Ende zu führen. Ihr Ziel lautet daher: Notwendige Aufgaben rechtzeitig und motiviert angehen beziehungsweise diese mit der nötigen Konsequenz zu einem erfolgreichen Ende führen.

Um diesem Ziel näher zu kommen, ist eine gehörige Portion Selbstdisziplin notwendig. Selbstdisziplin ist die Fähigkeit, nachhaltig und über einen längeren Zeitraum hinweg, alle notwendigen Maßnahmen und Handlungen durchzuführen, um erwünschte Ziele und Ergebnisse zu erreichen. Selbstdisziplin bedeutet, das zu tun, was Ihnen selbst wichtig ist! Sie setzt eine eigene Entscheidung, den eigenen, freien Willen voraus und ist somit auch eine Frage der persönlichen Reife. Selbstdisziplin bedeutet auch, Dinge für sich selbst mit der notwendigen Konsequenz zu tun und eben nicht für andere (das ist nur Disziplin!).

Zur Selbstdisziplin gehört auch, eine Vereinbarung mit sich selbst zu treffen und alles dafür zu tun, diese sich selbst gegenüber auch einzuhalten. Mit anderen Menschen tun wir das selbstverständlich, aber erst wenn es Ihnen im Umgang mit sich selbst gelingt, werden Sie nachhaltig zufrieden, glücklich und selbst gesteuert leben und viele Ihrer selbst gesteckten Ziele auch tatsächlich erreichen! Selbstdisziplin befreit von äußeren Zwängen. Sie macht erforderlich, sich Klarheit zu verschaffen über eigene Ziele und Motive. Sie ist eine Investition in die Zukunft und gleichzeitig eine lebenslange Aufgabe.

Dabei wird Selbstdisziplin häufig mit Disziplin verwechselt. Disziplin bedeutet zu warten, bis die äußeren Umstände und der daraus resultierende Druck so groß sind, dass keine Alternative bleibt, als endlich anzufangen. Mit Selbstdisziplin hat das nichts zu tun!

Die Voraussetzungen für Selbstdisziplin sind:

- Einsicht, dass ich über mein Handeln selbst bestimmen kann und will.
- Eigene Ziele haben und formulieren sowie mir meine Motive bewusst machen.
- Mut und Risikobereitschaft zu eigenen Entscheidungen und den Folgen meiner Handlungen.
- Persönlichen Nutzen der Zielerreichung klarmachen und für erstrebenswert erachten.

Daneben erfordert Selbstdisziplin: Konsequenz, Frustrationstoleranz und Willenskraft. Konsequenz bedeutet, ein Ziel beharrlich und nachhaltig zu verfolgen und dabei die Verantwortung für die Folgen des eigenen Verhaltens zu übernehmen. Eventuelle Verzögerungen und Rückschläge in Kauf zu nehmen und gegebenenfalls Anpassungen im Denken, Sprechen und Verhalten vornehmen, um das Ziel doch noch zu erreichen. Dabei ist Selbstdisziplin eine hilfreiche Fähigkeit. Frustrationstoleranz ist die Fähigkeit, Misserfolge und Rückschläge zu ertragen, daraus zu lernen und trotzdem weiterzumachen. Willenskraft meint, sich rational für eine Handlung zu entscheiden und mit hoher Intensität die verfügbaren Energien in Richtung auf ein Ziel zu organisieren. Mittels der nachfolgenden Checkliste können Sie die Qualität Ihres Willens überprüfen und gegebenenfalls Lernbereiche identifizieren.

	Kann ich …									
	schlecht									gut
	1	2	3	4	5	6	7	8	9	10
Intensität, Stärke, Energie, dynamische Kraft										
Disziplin, Kontrolle, innere Beherrschung										
Konzentration, Fokus, auf einen Punkt gerichtet sein										
Aufmerksamkeit und Zielbewusstsein										
Entschlossenheit, Entscheidungsfähigkeit										
Ausdauer, Beharrlichkeit, Geduld										
Initiative, Wagemut										
Innere Organisationsfähigkeit, Integrationsfähigkeit										
(aus Vogelauer: Methoden-ABC im Coaching)										

Wenn Sie Ihre Selbstdisziplin verbessern möchten, dann sollten Sie folgende Tipps beherzigen:

- Verbindlichkeit sich selbst gegenüber und Verantwortung für eigenes Handeln und Nichthandeln übernehmen. Nichteinhaltung ist in diesem Sinne nichts anderes als ein Vertrauensbruch gegenüber sich selbst. Die Frage sei erlaubt, ob Sie so mit anderen Menschen auch umgehen würden? Und wenn nein, wieso gehen Sie so »schlecht« mit sich selbst um?
- Es geht um den konsequenten Umgang mit sich selbst. Das gelingt nur, wenn Sie nicht auf schnelle und kurzfristige Erfolge, sondern auf langfristige Zielerreichung fokussieren.

- Es ist auch wichtig, sich mit den Vorteilen zu befassen, die es hätte, wenn man etwas nicht tut.
- Die Frustrationstoleranz muss unbedingt erhöht werden. Das lässt sich erlernen. Gehen Sie nicht nach der Überzeugung »alles muss leicht gehen«, besser ist »es darf ruhig auch mal wehtun!« oder »es muss mir nicht leicht fallen!«.

 Wer noch mehr zu diesem Thema erfahren möchte, dem empfehle ich das Buch »Selbstdisziplin« von Marc Stollreiter und Johannes Völgyfy.

Der erste Schritt zur Selbstdisziplin ist oft schwierig. Tun Sie Dinge deshalb sofort und probehalber, denn alles, was Sie nicht innerhalb von 72 Stunden begonnen haben, werden Sie erfahrungsgemäß nie mehr anfangen (72-Stunden-Prinzip). Machen Sie sich einen konkreten Plan und stellen Sie sicher, diesen tatsächlich abzuarbeiten.

Schritte zur Verbesserung der Selbstdisziplin

Um Ihre Selbstdisziplin zu fördern, gehen Sie folgendermaßen vor:

- Änderungsbedarf ermitteln.
- Ziele setzen.
- Verbindlich für die Ziele entscheiden und einen Plan erstellen.
- Die ersten Schritte der Umsetzung beginnen.
- Erfolge kontrollieren und auf Kurs bleiben.
- Langfristige Veränderung sicherstellen.

Gewöhnlich bewegen wir uns in einem Bereich, den wir kennen und als sicher empfinden. Man bezeichnet dies auch als Komfortzone oder den Kreis der Gewohnheiten. Das ist mit ein Grund dafür, dass wir immer wieder die gleichen Dinge auf die gleiche Weise tun beziehungsweise nicht tun. Wir erlangen dadurch Sicherheit und vermeiden damit Risiken, aber auch Wachstum. Denn Wachstum findet nur außerhalb der Komfortzone statt! Wenn wir uns ändern wollen beziehungsweise Neues ausprobieren, müssen wir bereit sein, für einige Zeit teilweise erhebliche Unsicherheiten auszuhalten.

Übung: Änderungsbedarf ermitteln

Ermitteln Sie anhand der folgenden Fragen Ihren Veränderungsbedarf. Berücksichtigen Sie dabei die Voraussetzungen für Selbstdisziplin.

Was will ich verändern?

Welchen Nutzen habe ich davon?

Welche Alternativen gibt es?

Welchen Aufwand habe ich dafür (emotional, finanziell, zeitlich)?

Ist es mir das wert?

Bewerten Sie Ihre Antworten und entscheiden Sie sich. Wie lautet das Ergebnis?

Bis zum .... verändere ich ....

Nachdem Sie Ihren Änderungsbedarf ermitteln haben, geht es nun darum, sich Ziele zu setzen. Legen Sie also Ihre genauen Veränderungsziele fest. Formulieren Sie diese SMART (s. S. 88). Erstellen Sie, basierend auf den Veränderungsphasen, einen konkreten Plan. Legen Sie die Ziele und Maßnahmen der einzelnen Phasen fest. Überprüfen Sie die innere Akzeptanz Ihrer Veränderungsziele: Wie viel Energie und Zeit bin ich bereit, zur Erreichung der Ziele einzusetzen? Welche Pro-Argumente habe ich? Welche Gegenargumente können kommen und wie kann ich ihnen positiv begegnen? Sind diese Ziele für mich leicht zu merken und gut verständlich? Welche inneren Saboteure kenne ich, die verhindern könnten, diese Ziele nicht zu erreichen? Welche inneren Förderer helfen mir bei der Zielerreichung?

Nun sollten Sie sich verbindlich für Ihre Ziele entscheiden und anschließend einen Plan erstellen. Zum Treffen dieser bewussten Entscheidung ist es notwendig, unterschiedliche Lösungsvarianten zu entwickeln und diese gegeneinander abzuwägen. Stollreiter/Völgylfy (2001) haben dazu die Technik des dualen Denkens entwickelt. Gehen Sie dazu in folgenden Schritten vor:

- Tabelle mit den Alternativen zum anvisierten Ziel anlegen.
- Vor- und Nachteile der Alternativen auflisten.
- Tun-als-ob-Entscheidungen treffen.
- Kosten-Nutzen-Rechnung für das anvisierte Ziel aufstellen.
- Kosten-Nutzen-Rechnung für die Alternativen vornehmen.
- Entscheidung treffen.

Diese Technik berücksichtigt neben dem Nutzen der gewählten Alternative auch deren Kosten. Diese Kosten betreffen zum einen die dieser Alternative direkt zuordenbaren Kosten (= Nachteile), aber auch die so genannten Opportunitätskosten. Dabei handelt es sich um die nicht zu realisierenden Vorteile der nicht gewählten Alternativen. Ein Beispiel zur Gestaltung der Freizeit soll das verdeutlichen. Zunächst Tabelle anlegen und Vor- und Nachteile auflisten:

Freizeitgestaltung			
Täglich laufen	Fernsehen	Tanzkurse besuchen	Mehr Zeit für die Kinder
Vorteile	**Vorteile**	**Vorteile**	**Vorteile**
• Fitness • Stress abbauen • höherer Grad an Wachheit	• informiert sein • entspannt (nicht selbst denken) • unterhalten werden	• verschafft Bewegung • gemeinsames Hobby mit Partner • neue Leute kennen lernen	• gut für die Beziehung • bringt Freude • dabei abschalten
Nachteile	**Nachteile**	**Nachteile**	**Nachteile**
• Belastung der Gelenke • körperliche Anstrengung • zeitintensiv	• weniger Kommunikation in der Familie • passiv	• kostet Geld • kostet Zeit • ungeschicktes Verhalten	• kann laut sein (habe genug Lärm bei der Arbeit) • nicht alle Spiele sind interessant

Anschließend Tun-als-ob-Entscheidungen und eine Kosten-Nutzen-Rechnung für das anvisierte Ziel aufstellen. Beginnen Sie zunächst mit »Täglich laufen«.

In diesem Fall entsprechen die Vorteile dieser Variante deren Nutzen. Dem gegenüberzustellen sind aller anderen Varianten, gegen die Sie sich entschieden haben. Deren Vorteile, wie beispielsweise informiert und entspannt sein, werden zu so genannten Opportunitätskosten, da Sie diese wegen Ihrer getroffenen Entscheidung nun nicht mehr erreichen können. Konkret bedeutet das, Sie werden also nicht informiert und nicht entspannt sein, kein gemeinsames Hobby mit dem Partner pflegen. Gleichzeitig werden die Nachteile der anderen Varianten zum so genannten Opportunitätsnutzen. Diese Nachteile wandeln sich in Vorteile um, wie beispielsweise mehr Kommunikation mit der Familie, Zeit und Geld sparen.

Die gleichen Überlegungen sind dann auch für die weiteren Alternativen »Fernsehen«, »Tanzkurs besuchen« und »Mehr Zeit für die Kinder« durchzuspielen und zu dokumentieren. Mehr zu diesem Thema finden Sie in dem bereits genannten Buch »Selbstdisziplin« von Marc Stollreiter und Johannes Völgyfy.

Wenn Sie Ihre Überlegungen abgeschlossen haben, können Sie mit den ersten Schritten der Umsetzung beginnen. Machen Sie sich immer wieder Ihre Ziele bewusst! Ein wichtiger Aspekt zu Beginn der Umsetzung ist, die Krankheit »Aufschieberitis« zu heilen! Ein guter Weg ist es, einfach anzufangen. Erlauben Sie es sich, ungefähr 15 Minuten die bisher aufgeschobene Aufgabe durchzuführen. Überprüfen Sie anschließend, wie Sie mit dem Ergebnis weiter umgehen wollen. Mindestens vier Möglichkeiten haben Sie.

- Die Aufgabe fertig bearbeiten und abschließen.
- Die Aufgabe priorisieren und terminieren. Überlegen Sie, wie Sie sicherstellen, diese zum gegebenen Termin tatsächlich zu erledigen.
- Den Bearbeitungsstand zu akzeptieren und die Aufgabe als erledigt zu betrachten.
- Die Aufgabe als nicht notwendig verwerfen.

Legen Sie schon zu Beginn fest, wie Sie sich dafür belohnen wollen, diese aufgeschobenen Aufgaben nun endlich erledigt zu haben. Bei größeren und längeren Zielen sollten auch kleine Teiletappen belohnt werden! Entwickeln Sie eine hohe Frustrationstoleranz. Sorgen Sie für einen geeigneten Umgang mit Ihrem inneren Schweinehund: anhören, verhandeln und bei Bedarf berücksichtigen. Ein weiterer Faktor für das Nichterreichen von Zielen ist die Ausnahme von einmal begonnenen Umsetzungsschritten. Bleiben Sie am Ball!

>»Ohne Anstrengung und ohne Bereitschaft, Schmerz und Angst zu durchleben, kann niemand wachsen.« *Erich Fromm*

Lernen Sie, mit der Angst umzugehen: Erstellen Sie Worst-case-Szenarien: Nehmen Sie das Schlimmste an und prüfen Sie anschließend, wie stark die Konsequenzen wirklich sind. Verfahren Sie nach dem Motto: Tue, was du tust, aber tue es jetzt! Sorgen Sie dafür, dass Sie mit Ihrer Aufmerksamkeit immer im »Hier und Jetzt« bleiben! Sofern Sie von anderen abgehalten werden, sollten sie das »Neinsagen« lernen.

Erfolge kontrollieren und auf Kurs bleiben: Machen Sie sich immer wieder Ihre Erfolge bewusst, auch wenn Sie noch so klein sind! Belohnen Sie sich dafür! Stellen Sie im Rahmen der Umsetzung fest, dass Sie Ihre Ziele nicht erreichen, sind Anpassungen notwendig. Diese können an folgenden Punkten ansetzen:

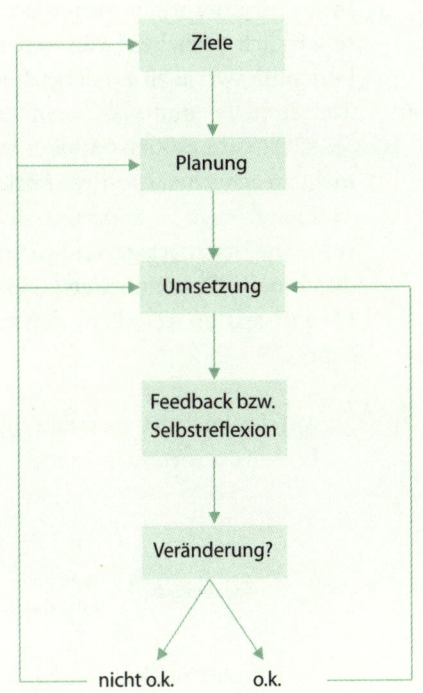

Bei der Umsetzung, also der Art und Weise, wie Sie Ihre Ziele verfolgen, sind Ihre konkreten Handlungsweisen die Basis. Überprüfen Sie diese anhand der folgenden Fragen:

● Tue ich genau das, was ich mir vornehme?
● Welche Reaktionen erhalte ich auf diese Handlungsweisen?
● Sind diese Handlungen geeignet, das Ziel zu erreichen?

Bei der Planung, also Ihrer Vorgehensweise, nutzen Sie die folgenden Fragen zur genaueren Analyse:

● Sind die Schritte geeignet, dieses Ziel zu erreichen?
● Was kann ich ändern (Reihenfolge, Schritte weglassen, weitere hinzufügen)?
● Welche alternativen Maßnahmen kann ich ergreifen?
● Was ist konkret dafür zu tun?

Ihre Ziele überprüfen Sie am besten mittels der Fragen: Will ich diese wirklich erreichen? Was genau hindert mich, diese zu verfolgen beziehungsweise zu erreichen? Was würde passieren, wenn ich das Ziel erreiche, und was, wenn ich es nicht erreiche? Ist das Ziel SMART? Gibt es Zielkonflikte? Worin liegen die Vorteile, dieses Ziel nicht zu erreichen (positive Absicht suchen)?

Langfristige Veränderung sicherstellen: Letztendlich geht es darum, alte, hartnäckige und nicht mehr erwünschte Gewohnheiten durch neue Gewohnheiten zu ersetzen! Das bedeutet immer, einen Lernprozess zu gestalten, der in vier Stufen beschrieben werden kann.

Am Beispiel des Autofahrenlernens sollen die vier Stufen des Lernens verdeutlicht werden:

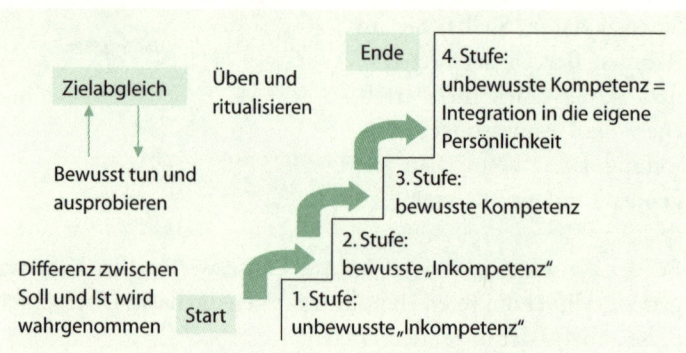

1. Stufe: Sie erfahren erstmals, dass es so etwas wie Autofahrenkönnen überhaupt gibt.

2. Stufe: Sie haben den Wunsch und das Ziel, diese Fähigkeit zu beherrschen, und können den 18. Geburtstag kaum erwarten.

3. Stufe: erste Fahrstunde. Was Sie alles gleichzeitig zu bedenken und zu beachten haben, erweckt in Ihnen den Eindruck: »Das schaffe ich nie!«

4. Stufe: heute. Sie setzen sich ins Auto und fahren einfach los, ohne darüber nachzudenken, was Sie alles tun müssen. Es passiert einfach!

Zum dauerhaften Einüben und Ritualisieren ist eine Anzahl von mindestens 21 Wiederholungen notwendig. Sorgen Sie dafür, dass Sie sich selbst immer wieder an Ihre Ziele, Pläne und deren Umsetzung erinnern. Der berühmte Knoten im Taschentuch hilft dabei. Heutzutage könnten das Post-it-Zettel an markanten Plätzen, ein roter Faden im Portemonnaie oder Ähnliches sein. Bitten Sie auch andere Personen, Sie bei der Umsetzung zu unterstützen. Erlauben Sie diesen, Sie an Ihre Ziele und Pläne zu erinnern und auch beratend zu begleiten.

Selbstmanagement

»Deine Einstellung bestimmt dein Erleben.
Dein Erleben bestimmt deine Gedanken und Gefühle.
Deine Gedanken und Gefühle bestimmen dein Verhalten.« *Roland Jäger*

Denken Sie beispielsweise an folgende Situation: Sie suchen Orientierung für sich in Ihrem Leben. Dabei machen Ihr Beruf und Ihre Führungsrolle nur einen Teil aus. Ihr Problem: Noch wissen Sie aber nicht, was im Rahmen des Selbstmanagements alles zu berücksichtigen ist. Ihr Ziel lautet daher: Sie wollen Ihr Leben in die Hand nehmen, es selbst gesteuert und eigenverantwortlich leben.

Sich selbst führen ist die Grundvoraussetzung auf dem Weg zu einer professionellen Führungskraft. Erst wer sich selbst führen kann, ist auch fähig, Mitarbeiter zu führen. Selbstmanagement ist die gezielte, selbst gesteuerte und eigenverantwortliche Führung und Entwicklung Ihres Lebens in die Richtung, die Sie für sich als die Beste empfinden, um erfolgreich zu sein. Die Parameter für Erfolg und das Beste sind persönlich einzigartige Komponenten und sind entsprechend individuell festzulegen. In diesem Sinne umfasst es weit mehr als Ziel- beziehungsweise Zeitmanagement und Arbeitstechniken. Das Modell auf der nächsten Seite skizziert das.

Ich: Im Mittelpunkt stehen Sie selbst mit Ihren Anlagen, Fähigkeiten und Erfahrungen. Dazu gehören auch die Komponenten wissen, wollen, können und dürfen (s. S. 29).

Orientierung: Was für Unternehmen beziehungsweise Organisation gilt, hat auch für den einzelnen Menschen Bedeutung. Die zu-

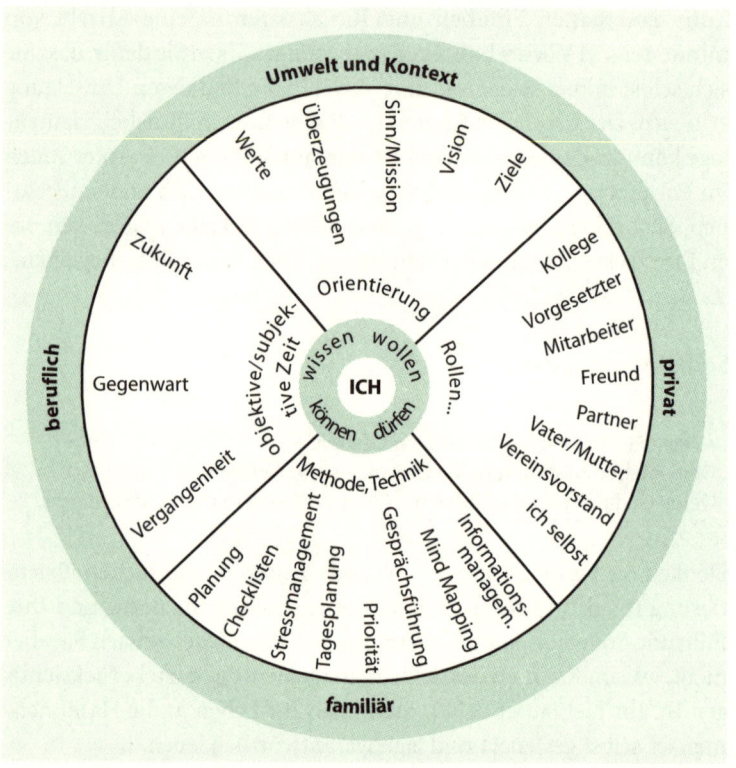

nehmende Individualisierung und der Wertewandel tun ein Übriges dafür, nach Quellen der Orientierung zu suchen. Für diese Orientierung ergibt sich eine Reihe nützlicher Fragen, wie zum Beispiel:

- Was ist der Sinn (Mission) meines Lebens? Welchen Beitrag leiste ich in dieser Welt?
- Was ist meine Vision? Welches emotional aufgeladene Bild der Zukunft motiviert mich? (Visionsbildung, s. S. 85ff.)
- Welche Erwartungen habe ich an mich und mein Leben?
- Was soll mit mir in meiner Lebenszeit passieren?
- Was sind meine Werte und welchen Einfluss haben sie?
- Wovon bin ich überzeugt? Woran glaube ich und was bedeutet das für mich und mein Leben?
- Welche Ziele habe ich wirklich und wie könnte ich sie erreichen?

Rollen: Eine Rolle ist ein Bündel von Verhaltenserwartungen, das an eine Person herangetragen wird. Diese Rolle ist zusammen mit dem Menschen und seinem gezeigten Verhalten zu betrachten. Je nach Situation, Persönlichkeit und eigenem Gestaltungsvermögen nimmt jeder Mensch Einfluss auf seine Rollen. Sie sind immer von der Umwelt und dem Kontext abhängig. Die Vielzahl der Rollen und die daran geknüpften Erwartungen führen im Alltag zu Irritationen, Konflikten und einem permanenten Abwägungsprozess.

Zeit: Die Qualität von Zeit ist abhängig von der Art der Messung. Objektive Zeit, also die von Uhren gemessene, und subjektive Zeit, die von Ihnen erlebte, wahrgenommene, sozusagen in Ihnen gemessene Zeit. Zeit können Sie aber auch chronologisch betrachten. Die Vergangenheit hat Sie geprägt. Sie haben Erfahrungen gemacht, und diese steuern auch heute noch Ihr Handeln. Nur in der Gegenwart können Sie durch Ihr Handeln aktiv dazu beitragen, Vergangenheit zu bewältigen, konkrete Maßnahmen umzusetzen und Zukunft zu gestalten. Eine Vorstellung von der Zukunft gibt Ihnen wiederum Orientierung, um das Leben zu führen, das Sie sich wünschen.

Methoden, Techniken und Hilfsmittel: Beim konkreten Umsetzen und Realisieren Ihrer Ziele benötigen Sie die unterschiedlichsten Methoden und Techniken. Dazu gehören beispielsweise Arbeitsorganisation, Aufgabenklärung, Umgang mit Aufschieberitis. Hilfsmittel dafür sind: Zeitplanbuch und Informationsmanagement, gute Lesetechnik, Problemlösungs- und Entscheidungstechniken, Umgang mit Störungen und Zeitfressern.

Buchtipp: Der interessierte Leser findet ausführliche Hinweise in meinem Buch »Selbstmanagement und persönliche Arbeitstechniken«.

Umwelt und Kontext: Die Umwelt hat hohen Einfluss auf unser Leben. Sie prägt(e) unsere Entwicklung. Handlungen werden häufig erst durch Berücksichtigung des Kontextes erklärbar. Beruflich meint alles, was Ihre Arbeitswelt betrifft. Mit »familiär« ist sowohl Ihre Herkunftsfamilie als auch Ihre jetzige Familie gemeint. Mit »privat« sind schließlich Sie ganz persönlich und alleine gemeint. Also einerseits Ihr »Ich«, andererseits aber auch die Zeit und der Raum, den Sie für sich selbst in Anspruch nehmen.

Standortbestimmung Selbstmanagement

Nehmen Sie sich nun einige Minuten Zeit, um eine Bestandsaufnahme Ihres Selbstmanagements zu machen.

	Ja	Nein
Haben Sie eine schriftlich definierte **Vision** beziehungsweise ein Bild davon, wie Ihre Zukunft aussieht?	☐	☐
Sind Sie sich Ihrer unterschiedlichen **Rollen** bewusst und haben diesbezüglich auch Erwartungen und **Ziele** definiert?	☐	☐
Besitzen Sie schriftlich fixierte **Werte** und wissen so, was Sie zum Teil auch unbewusst steuert in Ihrem Leben?	☐	☐
Kennen Sie alle Ihre **Überzeugungen**, wie zum Beispiel »nur wer hart arbeitet, wird Erfolg haben«?	☐	☐
Formulieren Sie regelmäßig schriftlich Ihrer lang- und kurzfristigen **Ziele**?	☐	☐
Halten Sie die Balance zwischen den Lebensbereichen aus dem Lebens-Balance-Modell?	☐	☐
Planen Sie regelmäßig Ihre **Zeit** und Ihre **Ziele**?	☐	☐
Nehmen Sie sich regelmäßig Zeit, um den Stand der **Ziel**erreichung und die Anpassung Ihrer **Planung** zu überdenken?	☐	☐
Kennen Sie Ihre **Strategien**, wie Sie für sich Veränderungen verhindern können?	☐	☐
Wissen Sie, wie Sie sich sofort in einen **guten Zustand** bringen können, und setzen Sie diese Techniken regelmäßig und bewusst ein?	☐	☐
Kennen Sie **Erfolgsmethoden** und setzen Sie diese regelmäßig ein?	☐	☐
Benutzen Sie **Hilfsmittel**, wie zum Beispiel ein Zeitplanbuch, um damit eine konsequente Umsetzung sicherzustellen?	☐	☐
Sind Ihnen Ihre **Zeitfresser** bewusst? Wenn ja, haben Sie konkrete Maßnahmen vorgesehen, wie Sie mit diesen besser umgehen werden?	☐	☐
Priorisieren Sie täglich Ihre zu bewältigenden Aufgaben?	☐	☐
Setzen Sie bewusst **persönliche Arbeitstechniken** zur **Ziel**erreichung ein?	☐	☐

(aus: Jäger, Selbstmanagement und persönliche Arbeitstechniken)

Je mehr Nein-Antworten Sie ankreuzen, desto notwendiger ist es für Sie, sich damit zu beschäftigen. Dazu können Sie in folgenden Schritten vorgehen:

- Definieren Sie Ihren Lebenssinn (Mission), Ihren Beitrag zu einem größeren Ganzen.
- Entwickeln Sie Ihr Lebensbild (Vision), Ihre Vorstellung eines erfüllten und erfolgreichen Lebens.
- Formulieren Sie Ihre wichtigen Werte, das, was Sie tief im Innersten bewegt. Ermitteln Sie ebenfalls Ihre im Laufe Ihres Lebens entwickelten Überzeugungen. Dabei geht es auch darum, sie daraufhin zu prüfen, welche Einschränkungen damit für Sie verbunden sind.
- Klären Sie Ihre Rollen, die Sie täglich ausfüllen.
- Formulieren Sie konkrete Ziele. Diese sollten Sie für unterschiedliche Zeithorizonte und Rollen formulieren.
- Erstellen Sie eine konkrete Planung zur Umsetzung Ihrer Ziele. Entwickeln Sie unter anderem eine Jahresplanung und einen konkreten Tagesplan.
- Sorgen Sie für eine konsequente und nachhaltige Umsetzung. Überprüfen Sie während der Umsetzung Ihren Fortschritt und nehmen Sie gegebenenfalls Änderungen vor.

Sorgen Sie für Balance in Ihrem Leben. Überprüfen Sie diese anhand des nachfolgenden Lebens-Balance-Modells. Markieren Sie in dem Modell auf der Skala von 1 (ungenügend) bis 10 (hervorragend), wo Sie derzeit stehen und in welchen Bereichen Änderungsbedarf besteht. Verbinden Sie die Punkte und entwickeln Sie Ihr Lebens-Balance-Netz.

Die folgenden Fragen sollen dabei zur Orientierung dienen. Zunächst sollten Sie sich ganz allgemein fragen: Wo stehe ich in den verschiedenen Schlüsselbereichen meines Lebens? Was habe ich für die einzelnen Schlüsselbereiche getan? Welchen Preis habe ich für all das heute bezahlt? Dann fragen Sie sich ganz gezielt zu den einzelnen Bereichen:

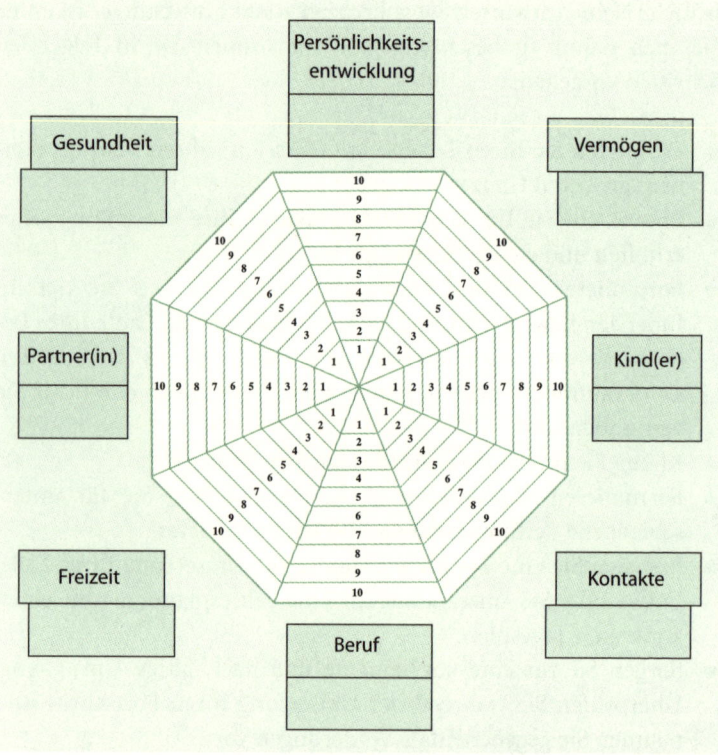

- **Persönlichkeitsentwicklung:** Was habe ich bisher für meine Persönlichkeitsentwicklung getan? Welche Erfahrungen habe ich gemacht? Was hat mir Freude bereitet? Was hat mich geärgert? Was habe ich über mich gelernt? Welche neuen Ideen sind mir eingefallen? Hatte ich das Gefühl zu leben oder wurde ich gelebt?
- **Gesundheit:** Wie ist meine körperliche Verfassung? Wie habe ich mich bisher ernährt? Habe ich mir auch ausreichende Pausen gegönnt? Habe ich mich sportlich betätigt?
- **Vermögen:** Wie hat sich meine finanzielle Situation im Laufe der Jahre verändert? Wodurch? War ich heute sparsam/geizig oder großzügig/verschwenderisch? Welche materiellen Vermögenswerte habe ich geschaffen? Wie haben sich meine immateriellen Vermögenswerte entwickelt? Was habe ich zur Sicherung meines Einkommens und Vermögens getan?

- **Partner(in):** Wie ist meine Beziehung? Was erfreut mich? Was stört mich? Habe ich mir Zeit für meinen Partner genommen? Wie haben wir sie genutzt? Wie habe ich dessen Entwicklung unterstützt?
- **Kind(er):** Wie erlebe ich den Kontakt zu meinen Kindern? Was habe ich mit ihnen erlebt? Hatte ich ausreichend Zeit für sie? Was habe ich für deren Entwicklung getan?
- **Freizeit/Hobby:** Wie gestalte ich meine freie Zeit? Welches Hobby habe ich verfolgt? Wie habe ich es genossen?
- **Kontakte:** Welche Kontakte habe ich bis heute gepflegt? Wen habe ich heute erfreut? Wen habe ich gestört? Wem habe ich heute geholfen? Welche Kontakte haben mir gut getan, welche nicht?
- **Beruf:** Was habe ich bisher geleistet? Was ist mir gelungen? Warum? Was ist mir nicht gelungen? Warum? Was konnte ich erfolgreich beginnen beziehungsweise abschließen? Welche Aufgaben waren unnötig? Auf welche Aktivitäten habe ich verzichtet? Womit habe ich anderen geholfen? Wo habe ich andere behindert?

Anschließend sollten Sie konkret festlegen, wo Sie welche Änderungswünsche haben, und diese dann mittels eines Entwicklungsplans planen und umsetzen (s. Planung S. 91ff.).

Anhand der nachfolgenden Checkliste auf Seite 214 können Sie regelmäßig den Umgang mit Ihrer kostbaren Zeit überprüfen.

Zeitfresser erkennen Sie anhand der folgenden Merkmale: keine Ziele, Prioritäten oder Tagespläne; Versuch, zu viel auf einmal zu tun; Wartezeiten (zum Beispiel bei Verabredungen); Hast, Ungeduld; persönliche Desorganisation, überhäufter Schreibtisch; Papierkram und Lesen; schlechtes Ablagesystem; zu wenig Delegation; mangelnde Motivation und indifferentes Verhalten; mangelnde Koordination; ständige telefonische Unterbrechungen; oft unangemeldete Besucher; Unfähigkeit, Nein zu sagen; unvollständige oder verspätete Information; fehlende Selbstdisziplin; Aufgaben nicht zu Ende geführt; Ablenkung und Lärm; nicht informiert; schlecht organisierte Besprechungen; keine oder unpräzise Kommunikation; allzu häufiger privater Schwatz; zu viel Kommunikation und zu viele Ak-

Checkliste zum besseren Umgang mit Ihrer Zeit

☐ Orientieren Sie sich bei der Verwendung Ihrer kostbaren Zeit an Ihren schriftlich geplanten **Zielen.**

☐ Führen Sie eine regelmäßige (mindestens einmal jährlich) **Zeitverwendungsanalyse** durch.

☐ Kontrollieren Sie den **Zeitbedarf,** den Sie für Ihre jeweiligen Ziele festgelegt haben, und entscheiden Sie immer wieder, ob dieser, an Ihren Zielen orientiert, angemessen verteilt ist.

☐ Legen Sie Listen über die in einem bestimmten Zeitrhythmus (täglich, wöchentlich, monatlich, jährlich) **wiederkehrenden** beruflichen und persönlichen **Aufgaben** an. Berücksichtigen Sie dafür ausreichend Zeit in allen Zeitplänen, die Sie verwenden, und optimieren Sie diese wiederkehrenden Aufgaben. Diese Zeit geht von Ihrer planbaren Zeit ab. Verbunden mit festen Terminen und einigen A-, B- und C-Aufgaben sowie einem Zeitbudget von zirka 40 Prozent für Unvorhergesehenes, verbleibt somit nicht mehr viel frei planbare Zeit.

☐ Überprüfen Sie in gewissen Abständen Ihre **Zeitfresser** und arbeiten Sie daran, besser damit umzugehen.

☐ **Konzentrieren** Sie sich ganz auf Ihre Arbeit.

☐ **Standardisieren** Sie Ihre Arbeit so weit wie möglich durch Einsatz von (selbst entwickelten) Checklisten, Arbeits- und Projektplänen.

☐ Nehmen Sie regelmäßig »Auszeiten«, um Ihren **individuellen Zeitrhythmus** zu erspüren und diesen für die Organisation Ihrer Zeit zu verwenden.

☐ Entziehen Sie sich der **Fremdbestimmung** durch andere. Prüfen Sie, inwieweit Sie fremd- und selbst bestimmt sind, und entwickeln Sie Maßnahmen, diesen Anteil der selbst bestimmten Zeit zu erhöhen.

☐ Arbeiten Sie regelmäßig an den Zielen, die für Sie wichtig sind. Lassen Sie sich **nicht** von der **Dringlichkeit** überrumpeln.

☐ Vergessen Sie nie, sich Zeit zu nehmen zum **Entspannen und Reflektieren.** Denn nur die so genutzte Zeit ermöglicht Ihnen, notwendige Korrekturen Ihrer Zeitverwendung zu erkennen und umzusetzen.

☐ Setzen Sie täglich **Prioritäten,** die sich an Ihrer Zielerreichung orientieren. Jeden Tag an einem Ziel arbeiten!

☐ Sagen Sie nie mehr: »Ich habe keine Zeit.« Denn in Wahrheit meinen Sie doch: »**Ich habe andere Prioritäten**!« Stehen Sie auch dazu.

☐ Zeitprobleme und die Art und Weise der Bewältigung sind zu einem wesentlichen Teil situationsabhängig. Dies bedeutet auch einen **flexiblen Umgang** damit. Seien Sie sich dessen immer bewusst.

☐ Begegnen Sie aber auch der **Gefahr der Überstrukturierung** (noch mehr in immer weniger Zeit zu erreichen) und genießen Sie das Nichtstun. Meist ist dies die kreativste Zeit!

tennotizen; Unfähigkeit zuzuhören; Unentschlossenheit; alle Fakten wissen wollen. Sobald Sie bei sich solche Zeitfresser erkennen, sollten Sie versuchen, diese abzustellen.

Damit Sie Ihre Zeit effektiv gestalten und nutzen, können Sie folgende Maßnahmen ergreifen.

- Erstellen Sie Ihren Tagesplan immer vor Arbeitsbeginn, noch besser am Abend zuvor.
- Bündeln Sie ähnliche Aufgaben.
- Vergeben Sie für jede Aufgabe eine Priorität.
- Verplanen Sie nie mehr als 60 Prozent Ihrer Zeit. So haben Sie noch ausreichend Zeit für Unvorhergesehenes.
- Tragen Sie Ihren Tagesplan immer mit sich.
- Gehen Sie Unangenehmes sofort an.
- Beenden Sie angefangene Aufgaben.
- Kontrollieren Sie regelmäßig Ihre erledigten Aufgaben.
- Notieren Sie Ideen sofort. Tragen Sie dazu immer Notizpapier bei sich.
- Teilen Sie Ihren Tag gemäß Ihrer individuellen Leistungskurve ein.
- Legen Sie systematisch (kurze) Pausen ein.
- Führen Sie Adressen, Telefonnummern, Visitenkarten und ausreichend Geld immer mit sich.
- Fassen Sie sich kurz beim Telefonieren.
- Erledigen Sie komplexe Fragen am besten telefonisch, statt langen Schriftwechsel zu führen.
- Nutzen Sie Ihre leistungsstarken Stunden für die wichtigsten Aufgaben.
- Identifizieren Sie Zeitdiebe (Ablenkung, Plaudereien) und schieben Sie Ihnen einen Riegel vor.
- Sorgen Sie dafür, in störungsarmen Zeiten nur im Notfall gestört zu werden.
- Delegieren Sie so viel wie möglich. Konzentrieren Sie sich auf Ihre »Kernkompetenzen«.
- Delegieren Sie Aufgaben eindeutig mit Nennung von Ziel, Ergebnis und Endtermin.
- Nehmen Sie nicht jede Arbeit an. Sagen Sie konsequent »Nein«.

- Reduzieren Sie Ihre Reisen. Prüfen Sie, was Sie auch anderweitig (per Telefon, Brief, Fax, E-Mail, Videokonferenz) erledigen können.
- Nutzen Sie (selbst erstellte) Checklisten und Formulare.
- Empfangen Sie nicht jeden Besucher.
- Seien Sie »geizig« im Umgang mit Ihrer wichtigen Ressource Zeit.
- Erledigen Sie eins nach dem anderen.
- Bereiten Sie den Tag schriftlich nach.

Überlegen Sie sich immer, wenn eine Veränderung ansteht, auf welchen drei Ebenen Sie diese bewerkstelligen wollen. Am Beispiel der eigenen Demotivation soll das kurz skizziert werden:

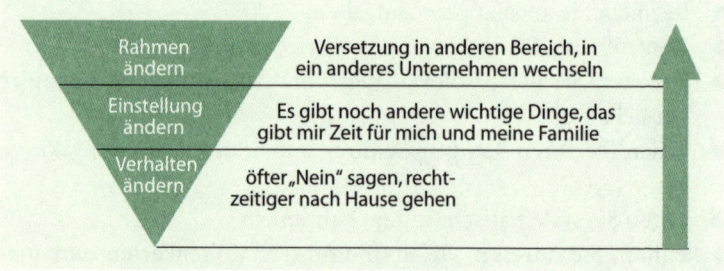

Gegebenenfalls ist eine kombinierte Strategie notwendig! Machen Sie sich klar, was in Ihrem Einflussbereich ist und sich durch Sie verändern lässt beziehungsweise was Sie hinnehmen und zumeist auch loslassen müssen. Unterscheiden Sie zwischen

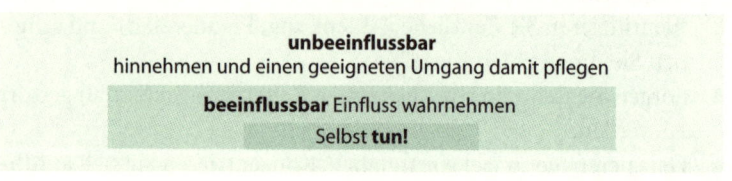

Bedenken Sie immer: Nur wer sich selbst gut kennt, kann sich auch gut selbst führen. Und gute Selbstführung ist eine unabdingbare Voraussetzung für gute Mitarbeiterführung.

Schlusswort

Zunächst einmal Gratulation, dass Sie das Buch bis zu dieser Seite gelesen haben. Nun besitzen Sie einen umfassenden Überblick zum Thema Führung. Dabei haben Sie Grundlagen und Anforderungen erfahren, die notwendig sind, um anstehende Veränderungen für Sie, aber auch Ihre Organisation erfolgreich zu gestalten. Des Weiteren konnten Sie Ihren »Führungs-Werkzeugkoffer« füllen beziehungsweise wissen nun, wo Sie nachschauen können, wenn ganz bestimmte Themen zur Umsetzung anstehen.

Ich hoffe, Sie bekamen bisher nicht nur Erahntes bestätigt und konnten früher Erfahrenes auffrischen bzw. vertiefen, sondern Sie haben ebenso Neues hinzugewonnen.

Wichtig ist mir, Sie abschließend darauf hinzuweisen, dass erfolgreiche Führung von einer authentischen Persönlichkeit und der Fähigkeit, in den unterschiedlichen Situationen die angemessen Methoden und Techniken einzusetzen, abhängt. Und um authentisch zu sein, müssen Sie sich immer wieder mit sich selbst auseinander setzen. Dazu sollten Sie sich immer wieder kleine Auszeiten nehmen und sich dabei vom aktuellen Tagesgeschehen distanzieren. Reflektieren Sie Ihre aktuellen Ereignisse. Gleichen Sie diese ab mit Ihren persönlichen und beruflichen Zielen, aber auch mit Ihrem Selbstverständnis als Führungskraft und prüfen so, ob Sie immer noch auf dem Weg sind, den Sie sich vorgenommen haben.

In meinen Coachings mit Führungskräften kann ich immer wieder feststellen, dass genau dies zu selten passiert und, wenn es dann, quasi »von außen verordnet« wird, von den Führungskräften als wichtige und wertvolle Ressource erlebt wird. Nur mit Distanz zu sich selbst und der Bereitschaft, bisherige Gewohnheiten aufzugeben, wird es Ihnen gelingen, neue Wege zu gehen, wie auch das folgende Zitat zeigt.

Fünf Ebenen

1. Ich gehe eine Straße entlang. Da ist ein tiefes Loch im Gehsteig.
   Ich falle hinein.
   Ich bin verloren ... Ich bin ohne Hoffnung.
   Es ist nicht meine Schuld.
   Es dauert endlos, wieder herauszukommen.
2. Ich gehe dieselbe eine Straße entlang. Da ist ein tiefes Loch im Gehsteig.
   Ich tue so, als sähe ich es nicht.
   Ich falle wieder hinein.
   Ich kann nicht glauben, schon wieder am gleichen Ort zu sein.
   Aber es ist nicht meine Schuld.
   Immer noch dauert es sehr lange herauszukommen.
3. Ich gehe dieselbe Straße entlang. Da ist ein tiefes Loch im Gehsteig.
   Ich sehe es.
   Ich falle immer noch hinein ... aus Gewohnheit.
   Meine Augen sind offen.
   Ich weiß, wo ich bin.
   Es ist meine eigene Schuld.
   Ich komme sofort heraus.
4. Ich gehe dieselbe Straße entlang. Da ist ein tiefes Loch im Gehsteig.
   Ich gehe darum herum.
5. Ich gehe eine andere Straße.

(Quelle unbekannt)

Für Ihren weiteren beruflichen Weg wünsche ich Ihnen viel Erfolg.

Sollten Sie dabei Fragen haben, Tipps und Anregungen benötigen oder Unterstützung und Begleitung von mir wünschen, können Sie sich gerne an mich wenden. Die entsprechenden Kontaktdaten finden Sie auf Seite 223.

Literaturverzeichnis

Bacher, Manfred: Mitarbeiterführung – Erfolg durch Selbstmanagement. Deutscher Sparkassenverlag, Stuttgart 1989.

Beck, Reinhilde/Schwarz, Gotthart: Personalentwicklung. Sandmann, Alling 1997.

Beelich, Karl Heinz/Schwede, Hans-Hermann: Denken-Planen-Handeln. Vogel, Würzburg [3]1988.

Baumgartner, Peter: Lebensunternehmer. Berufswahlpraxis. Schmid & Barmettler, Bülach 1997.

Bischof, Anita/Bischof, Klaus: Führen. WRS, Planegg 1998.

Buchner, Dietrich/Lasko, Wolf W.: Winner's edge. Gabler, Wiesbaden 1996.

Buzan, Tony/Israel, Richard/Dottino, Tony: Gehirngerecht führen. MI-Verlag, Landsberg 2000.

Chalupsky, Jutta, Autorenteam: Der Mensch in der Organisation. Verlag Dr. Götz Schmidt, Gießen [5]2000.

Cole, Kris: Kommunikation klipp und klar. Beltz, Weinheim und Basel [4]2003.

Comelli, Gerhard/von Rosenstiel, Lutz: Führung durch Motivation. Vahlen, München [2]2001.

Covey, Steven: Die sieben Wege zur Effektivität. Campus, Frankfurt a.M. 1996.

Dickmann, Dr. Michael: Der psychologische Vertrag – Führung als Management von Tauschbeziehungen in Personalführung 6/2001.

Dilts, Robert: Von der Vision zur Aktion. Junfermann, Paderborn 1998.

Dobner, Elke: Wie Frauen führen. Sauer, Heidelberg 1997.

Drummond, Helga: Machtspiele für kleine Teufel. MVG Landsberg, [2]1994.

Eichhorn, Christoph: Souverän durch Self-Coaching. Vandenhoeck & Ruprecht, Göttingen 2001.

Fehlau, Eberhard G.: Konflikte im Beruf. STS, Planegg 2000.

Fey, Gudrun: Kontakte knüpfen und beruflich nutzen. Fit for Business, Regensburg 1999.

Fischer, Peter: Neu auf dem Chefsessel. MI-Verlag, Landsberg 1993.

Fisher, Roger/Ury, William/Patton, Bruce: Harvard-Konzept. Campus, Frankfurt a.M. [15]1996.

Franke, Reimund/Zerres, Michael P.: Planungstechniken. FAZ, Frankfurt 1989.

Fröhlich, Werner: Personalführung. Heyne, München 1990.

Fuchs, Helmut/Huber, Andreas: Die 16 Lebensmotive. dtv, München 2002.

Glasl, Friedrich: Konfliktmanagement. Haupt, Bern [5]1997.

Goddenthow, Diether Wolf von: Neue berufliche Wege wagen. Falken, Niedernhausen 2000.

Goleman, Daniel: Emotionale Intelligenz. In: Harvard Business Manager 3/1999

Graf-Götz, Friedrich/Glatz, Hans: Organisationen gestalten. Beltz, Weinheim und Basel [4]2003.

Hagehülsmann, Ute/Hagehülsmann, Heinrich: Der Mensch im Spannungsfeld seiner Organisation. Junfermann, Paderborn 1998.

Hartmann, Martin/Funk, Rüdiger/Nietmann, Horst: Präsentieren. Beltz, Weinheim und Basel [7]2003.

Hartmann, Martin/Rieger, Michael/Luoma, Marketta: Zielgerichtet moderieren. Beltz, Weinheim und Basel [4]2003.

Hartmann, Martin/Röpnack, Rainer/Baumann, Hans-Werner: Immer diese Meetings. Beltz, Weinheim und Basel 2002.

Heinze, Roderich/Rinck, Elmar: Der Aufschwung beginnt bei mir. Orell Füssli, Zürich 1997.

Hesse, Jürgen/Schrader, Hans Christian: Die Neurosen der Chefs. Piper, München 1998.

Hilb, Martin: Integriertes Personal-Management. Luchterhand, Neuwied [3]1995.

Hinze, Dieter F.: Führungsprinzip Achtsamkeit. Sauer, Heidelberg 2001.

Huber, Andreas: EQ Emotionale Intelligenz. Heyne, München 1996.

Huber, Günther K.M.: Stress und Konflikte bewältigen. MI-Paperback, Landsberg 1983.

Jäger, Roland: Lernmethoden. In: Der Arbeitsmethodiker – Vierteljahreszeitschrift für Arbeits- und Führungsmethodik der GfA (Gesellschaft für Arbeitsmethodik e.V.). Heft 1/1995, S. 27–32.

Jäger, Roland: Selbstmanagement und persönliche Arbeitstechniken. Verlag Dr. Götz Schmidt, Gießen [3]2000.

Jäger, Roland: Praxisbuch Coaching. GABAL, Offenbach 2001.

Jäger, Roland/Chalupsky, Jutta.: TQM: Qualität der Führung und Dialogisches Management. In: Projektgruppe wissenschaftliche Beratung (Hrsg.): Führung in der lernenden Organisation. Lang, Frankfurt a.M./Berlin/Bern, 2000, S. 123–149.

Jellouschek, Hans: Mit dem Beruf verheiratet. Goldmann, München 2003.

Jeserich, Wolfgang: Mitarbeiter auswählen und fördern. Hanser, München [6]1991.

Joppe, Johanna/Ganowski, Christian/Ganowski, Franz-Josef: Chefsache Privatleben. Campus, Frankfurt a.M. 2001.

Kälin, Karl/Müri, Peter: Sich und andere führen. Ott, Thun [4]1989.

Kellner, Hedwig: Sind Sie eine gute Führungskraft. Campus, Frankfurt a.M. 1999.

Kellner, Hedwig: Karrieresprung durch Selbstcoaching. Campus, Frankfurt a.M. 2001.

Koch, Richard: Das 80/20 Prinzip. Campus, Frankfurt a.m. 1998.

König, Oliver: Macht in Gruppen. Pfeiffer München [2]1998.

Kriz, Willy Christian/Nöbauer, Brigitta: Teamkompetenz. Vandenhoeck & Ruprecht, Göttingen 2002.

Krüger, Wolfgang: Teams führen. STS-Verlag, Planegg 2000.

Lay, Rupert: Führen durch das Wort. Rowohlt, Reinbek 1981.

Le Mar, Bernd: Kommunikative Kompetenz. Springer, Berlin 1997.

Linneweh, Klaus: Stresskompetenz. Beltz, Weinheim und Basel 2002.

Mack, Bernhard: Führungsfaktor Menschenkenntnis. MI-Verlag, Landsberg 2000.

Mahlmann, Regina: Konflikte managen. Beltz, Weinheim und Basel 2000.

Mackay, Harvey: Networking. Econ, Düsseldorf, München 1997

Malik, Fredmund: Führen, Leisten, Leben. Heyne Business, München 2001

Massow, Martin: Gute Arbeit braucht ihre Zeit. Heyne, München 1998.

Mentzel, Wolfgang: Personalentwicklung. dtv, München 2001.

Müller, Uwe Renald: Machtwechsel im Management. Heyne, München 2000.

Nagel, Gerhard: Wagnis Führung. Hanser, München 1999.

Neges, Gertrud/Neges, Richard: Management-Training. Ueberreuther, Wien 1993.

O'Connor, Joseph: Führen mit NLP. VAK, Freiburg 1999.

Osterhold, Gisela/Hansen, Susanne T.: Erfolgsperspektiven für Manager ab 45. Falken, Niedernhausen 2000.

Peter, Laurence J./Hill, Raymond: Das Peter-Prinzip. Rowohlt, Reinbek 1996.

Projektgruppe wissenschaftliche Beratung (Hrsg.): Führung in der lernenden Organisation. Lang, Frankfurt a.M./Berlin/Bern 2000.

Reckert, Dr. H.W./Dilts, R./Kraft, H./Mayer, L.S./Stocker, T.: Coaching und Unternehmensentwicklung. Pro Business, Berlin 2003.

Redlich, Alexander: Konflikt-Moderation. Windmühle, Hamburg 1997.

Reinke-Dieker, Heinrich: Fördern und Fordern. GABAL, Offenbach 1996.

Rosenstiel, Lutz von: Motivation managen. Beltz, Weinheim und Basel 2003.

Rückert, Hans-Werner: Schluss mit dem ewigen Aufschieben! Campus, Frankfurt a.M. 1999.

Schmidt, Gunther: Arbeitspapiere zum Fortbildungscurriculum »Systemische und Hypnotherapeutische Konzepte für die Organisationsberatung, Coaching und Persönlichkeitsentwicklung«, Heidelberg 1998.

Schräder-Naef, Regula: Lerntraining für Erwachsene. Beltz, Weinheim und Basel [5]2001.

Schräder-Naef, Regula: Rationeller Lernen lernen. Beltz, Weinheim und Basel [21]2003.

Schulz von Thun, Friedemann/Ruppel, Johannes/Stratmann, Roswitha: Miteinander reden: Kommunikationspsychologie für Führungskräfte. Rowohlt, Reinbek 2000.

Schulz von Thun, Friedemann: Miteinander reden 1. Rowohlt, Reinbek 1994.

Schulz von Thun, Friedemann: Miteinander reden 2. Rowohlt, Reinbek 1994.

Schulz von Thun, Friedemann: Miteinander reden 3. Rowohlt, Reinbek 1998.

Seifert, Josef W./Pattay, Silvia: Visualisieren – Präsentieren – Moderieren. GABAL, Offenbach

Seiwert, Lothar J. (Hrsg.): DISG-Führungsprofil. GABAL, Offenbach 1994.

Seiwert, Lothar J.: Selbstmanagement. GABAL, Speyer [2]1988.

Seiwert, Lothar J.: Mehr Zeit für das Wesentliche. MI-Verlag, Landsberg [11]1990.

Seiwert, Lothar J.: Wenn Du es eilig hast, gehe langsam. Campus, Frankfurt a.M. 1998.

Seiwert, Lothar J.: Life-Leadership. Campus, Frankfurt a.M. 2001.

Seiwert, Lothar J./Gay, Friedbert: Das 1x1 der Persönlichkeit. GABAL, Offenbach 1996.

Seiwert, Lothar J.: Das Bumerang Prinzip – mehr Zeit fürs Glück. GU-Verlag, München 2002.

Senge, Peter/Kleiner, A./Smith, B./Roberts, Ch./Ross, R: Fieldbook zur 5. Disziplin. Klett-Cotta, Stuttgart [2]1997.

Senger, Gerti/Hoffmann, Walter: Finden Sie Ihren PQ. MVG, Landsberg 1998.

Smothermon, Ron: Drehbuch für Meisterschaft im Leben. Context Bielefeld [11]1996.

Sperling, Jan Bodo/Wasseveld, Jaqueline: Führungsaufgabe Moderation. WRS, Planegg 1997.

Sprenger, Reinhard K.: 30 Minuten für mehr Motivation. GABAL, Offenbach 1999.

Stollreiter, Marc/Völgyfy, Johannes: Selbstdisziplin. GABAL, Offenbach 2001.

Stroebe, R.W. /Stroebe, G.H.: Motivation. Sauer, Heidelberg [6]1994.

Thomann, Christoph: Klärungshilfe: Konflikte im Beruf. Rowohlt, Reinbek 1998.

Vester, Frederic: Die Kunst vernetzt zu denken. DVA, Stuttgart 2000.

Vester, Frederik: Denken, lernen, Vergessen. dtv, München [13]1986.

Vogelauer, Werner: Methoden-ABC im Coaching. Luchterhand, Neuwied 2000.

Wilson, Paul: Das große Buch der Ruhe. Heyne, München 2000.

Wirth, Helmut: Planungstechniken. Deutscher Sparkassenverlag, Stuttgart 1999.

Wolf, Kirsten: Karriere durch Networking. Falken, Niedernhausen 1999.

Wurzer, Jörg: 30 Minuten für beruflichen Erfolg mit Emotionaler Intelligenz. GABAL, Offenbach 1999.

zur Bonsen, Matthias: Führen mit Visionen. Gabler, Wiesbaden 1995.

Zwingmann, Elke u.a.: Management von Dissens. Campus, Frankfurt a.M. 1998.

Wir stehen für professionelle und kompetente Leistungen in unseren Arbeits-
feldern Selbstmanagement, Coaching, Projektmanagement sowie der Gestaltung von Veränderungsprozessen für Einzelpersonen, Gruppen bzw. Teams
und Organisationen.
In unserer Arbeit sind wir eigenverantwortlich, selbstdiszipliniert, ausgesprochen konsequent im Vorgehen und situativ sowohl wertschätzend als auch
konfrontierend.

Mit Roland Jäger können Sie Ihr Führungswissen über die Lektüre dieses
Buches hinaus vertiefen. Durch persönliches Training und ein Einzelcoaching
lernen Sie effizient, Ihr Führungsverhalten weiter zu professionalisieren.

Gerne informieren wir Sie. Sprechen Sie unverbindlich mit uns, und lassen Sie
sich kostenlose Informationen schicken über:
❏   Coaching von Führungskräften und Projektleitern
❏   Gruppen- und Teamcoachings

Unsere weiteren Kompetenzfelder sind:
❏   Lebens-, Karriere- und Newplacementberatung
❏   Teamentwicklung und -begleitung, Gruppen-Newplacement
❏   Veränderungsprozesse und Projekte begleiten und führen
❏   Trainings zu den Themen: Coaching, Führung, Projektmanagement, Per-
    sönlichkeitsentwicklung, Selbstmanagement und persönliche Arbeits-
    techniken, Kommunikation / Information, Arbeiten im Team

Kopieren Sie einfach diese Seite und faxen oder schicken Sie uns Ihre
Wünsche. Gerne können Sie uns auch anrufen oder im Internet besuchen.

Name	Vorname
Firma	e-mail
Straße	PLZ / Ort
Telefon	Fax

Roland Jäger
rj management consulting, coaching & training
Marcobrunnerstraße 10, 65197 Wiesbaden
Tel. / Fax / Mobil: 07000rjaegerr (070007523437)
Homepage: http://www.rolandjaeger.de
E-Mail: rjaeger@rolandjaeger.de